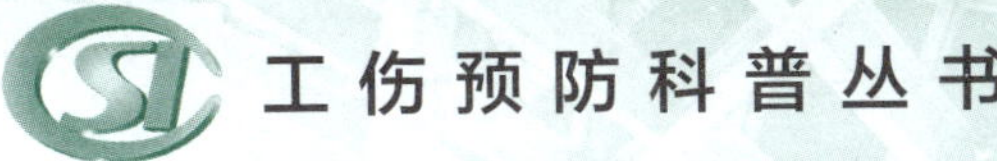

有限空间作业工伤预防知识

"工伤预防科普丛书"编委会 编

中国劳动社会保障出版社

图书在版编目(CIP)数据

有限空间作业工伤预防知识 / “工伤预防科普丛书”编委会编. -- 北京：中国劳动社会保障出版社，2021
(工伤预防科普丛书)
ISBN 978-7-5167-5135-0

Ⅰ. ①有… Ⅱ. ①工… Ⅲ. ①工伤事故 - 事故预防 - 基本知识 Ⅳ. ① X928.03

中国版本图书馆 CIP 数据核字(2021)第 206765 号

中国劳动社会保障出版社出版发行
(北京市惠新东街 1 号　邮政编码：100029)

*

北京市艺辉印刷有限公司印刷装订　新华书店经销
880 毫米 × 1230 毫米　32 开本　5.375 印张　109 千字
2021 年 11 月第 1 版　2024 年 9 月第 2 次印刷
定价：25.00 元

营销中心电话：400-606-6496
出版社网址：http://www.class.com.cn

“工伤预防科普丛书”编委会

内容简介

有限空间作业属于作业场所复杂多样、环境危险有害因素较多的高危工种，在生产劳动过程中，职工难免会接触各类危险有害因素，对人体造成伤害或患职业病而导致工伤。本书紧扣安全生产、工伤保险、有限空间作业安全管理及职业病危害防护等法律法规，详细介绍了有限空间作业职工在生产劳动过程中应该了解的工伤预防基础知识。本书内容主要包括工伤保险与工伤预防基础知识、权利和义务、有限空间作业安全管理、有限空间作业风险辨识与防护、有限空间作业安全操作规程、有限空间作业职业病危害防护、有限空间作业事故应急救援与有限空间作业工伤现场急救知识等内容。

本书所选题目典型性、通用性强，内容编写浅显易懂，版式设计新颖活泼，漫画配图直观生动，可作为工伤预防管理部门和用人单位开展工伤预防宣传教育工作使用，也可作为广大职工群众增强工伤预防意识、提升安全生产素质的普及性学习读物。

前　言

工伤预防是工伤保险制度体系的重要组成部分。做好工伤预防工作，开展工伤预防宣传和培训，有利于增强用人单位和职工的守法维权意识，从源头减少工伤事故和职业病的发生，保障职工生命安全和身体健康，减少经济损失，促进社会和谐稳定发展。

党和政府历来高度重视工伤预防工作。2009 年以来，全国共开展了三次工伤预防试点工作，为推动工伤预防工作奠定了坚实基础。2017 年，人力资源社会保障部等四部门印发《工伤预防费使用管理暂行办法》，对工伤预防费的使用和管理作出了具体的规定，使工伤预防工作进入了全面推进时期。2020 年，人力资源社会保障部等八部门联合印发《工伤预防五年行动计划（2021—2025 年）》（以下简称《五年行动计划》）。《五年行动计划》要求以习近平新时代中国特色社会主义思想为指导，全面贯彻党的十九大和十九届二中、三中、四中、五中全会精神，坚持以人民为中心的发展思想，完善“预防、康复、补偿”三位一体制度体系，把工伤预防作为工伤保险优先事项，通过推进工伤预防工作，增强工伤预防意识，改善工作场所的劳动条件，防范重特大事故的发生，切实降低工伤发生率，促进经济社会持续健康发展。《五年行动计划》同时明确了九项工作任务，其中包括全面加强工伤预防宣传和深入推进工伤预防培训等内容。

结合工伤保险发展现状，立足全面加强工伤预防宣传和深入推进工伤预防培训，我们组织编写了“工伤预防科普丛书”。本套丛书目前包括《〈工伤保险条例〉理解与适用》《〈工伤预防五年行动计划（2021—2025年）〉解读》《农民工工伤预防知识》《工伤预防基础知识》《工伤预防职业病防治知识》《工伤预防个体防护知识》《工伤预防应急救护知识》《建筑施工工伤预防知识》《矿山工伤预防知识》《化工危险化学品工伤预防知识》《机械加工工伤预防知识》《尘毒高危企业工伤预防知识》《交通与运输工伤预防知识》《冶金工伤预防知识》《火灾爆炸工伤预防知识》《有限空间作业工伤预防知识》《物流快递人员工伤预防知识》《网约工工伤预防知识》《公务员和事业单位人员工伤预防知识》《工伤事故典型案例》等分册。本套丛书图文并茂、生动活泼，力求以简洁、通俗易懂的文字普及工伤预防最新政策和科学技术知识，不断提升各行业职工群众的工伤预防意识和自我保护意识。

本套丛书在编写过程中，参阅并部分应用了相关资料与著作，在此对有关著作者和专家表示感谢。由于种种原因，图书可能会存在不当或错误之处，敬请广大读者不吝赐教，以便及时纠正。

“工伤预防科普丛书”编委会

2021年6月

目　录

第1章 工伤保险与工伤预防基础知识

1. 什么是工伤保险?

工伤保险是社会保险的一个重要组成部分，它通过社会统筹建立工伤保险基金，对保险范围内的劳动者因在生产经营活动中所发生的或在规定的某些情况下遭受意外伤害、职业病以及因这两种情况造成劳动者死亡或暂时或永久丧失劳动能力时，劳动者或其近亲属能够从国家、社会得到必要的物质补偿，以保证劳动者或其近亲属的基本生活，以及为受工伤的劳动者提供必要的医疗救治和康复服务。工伤保险保障了工伤职工的合法权益，有利于妥善处理事故和恢复生产，维护正常的生产、生活秩序，维护社会安定。

工伤保险有四个基本特点：一是强制性，它是指国家立法强

制一定范围内的用人单位、职工必须参加工伤保险。二是非营利性，工伤保险是国家对劳动者履行的社会责任，也是劳动者应该享受的基本权利。国家施行工伤保险制度，目的是为了保护劳动者，因此提供的所有与工伤保险有关的服务，均不以营利为目的。三是保障性，保障劳动者在发生工伤事故后，对劳动者或其近亲属发放工伤待遇，保障其生活。四是互助互济性，是指依法通过强制征收保险费，建立工伤保险基金，由社会保险机构在人员之间、地区之间、行业之间调剂使用。

法律提示

2003年4月27日《工伤保险条例》以国务院令375号公布，2004年1月1日生效实施。2010年12月8日，《关于修改〈工伤保险条例〉的决定》由国务院令 586 号公布，自 2011 年 1 月 1 日起施行。

现行《工伤保险条例》分 8 章 67 条，各章内容为：第一章总则，第二章工伤保险基金，第三章工伤认定，第四章劳动能力鉴定，第五章工伤保险待遇，第六章监督管理，第七章法律责任，第八章附则。

2. 落实《工伤保险条例》，施行工伤保险制度有什么重要意义？

2010 年 12 月 20 日，国务院发布《关于修改〈工伤保险条例〉的决定》，新修订的《工伤保险条例》（以下简称《条例》）2011 年 1 月 1 日起正式施行。新《条例》的立法宗旨是：为了保障因工作遭受事故伤害或患职业病的职工获得医疗救治和经济补偿，促进工伤预防和职业康复，分散用人单位的工伤风险。修订后的《工伤保险条例》主要体现了以下几个方面的重要意义：

（1）更好地保障工伤职工权益

新《条例》调整扩大了工伤保险实施范围和工伤认定范围，大幅度地提高了工伤待遇水平，简化了认定、鉴定和争议处理程序。这些都可以充分保障工伤职工及其家属的合法权益，减少工伤职工的经济负担，进而促进社会和谐稳定。

（2）分散用人单位工伤风险，减轻了经济负担

新《条例》扩大了工伤保险范围，通过社会统筹的工伤保险

制度，分散各类用人单位要承担的工伤职工经济费用，同时因为可以把一些工伤职工管理的具体事务性工作，交由相关的工伤保险经办机构处理，也减轻了用人单位管理上的负担。新《条例》规定把原来由用人单位支付的工伤职工待遇改为由工伤保险基金支付，还规范统一了工伤职工的待遇标准，保证他们待遇的及时发放。

（3）有利于加快完善工伤保险制度体系

新《条例》明确了工伤预防的重要性，并且规定了工伤预防费用的使用，确立了工伤预防工作在工伤保险制度中的重要地位；对工伤康复也做了更加明确的规定，使工伤康复相关工作有了强有力的法律和物质保障。这样，通过实施新《条例》，工伤预防、工伤补偿和工伤康复三位一体的工伤保险制度体系就很好地形成，有利于促进工伤保险制度的事后补偿与事前预防并重的良性循环，从根本上保障了职工的工伤权益。

3. 工伤保险的原则是什么？

（1）强制性原则

由于工伤会给职工带来痛苦，给其家庭带来不幸，也对用人单位乃至国家不利，因此国家通过立法，强制实施工伤保险，规定属于适用范围的用人单位必须依法参加并履行缴费义务。

（2）无过错补偿原则

工伤事故发生后，不管过错在谁，工伤职工均可获得补偿，以保障其及时获得救治和基本生活保障。但这并不妨碍有关部门对事故责任人的追究，以防止类似事故的重复发生。

（3）个人不缴费原则

这是工伤保险与养老、医疗、失业等其他社会保险项目的区别之处。由于职业伤害是在工作过程中造成的，劳动力是生产的要素，职工为用人单位创造财富的同时付出了代价，所以理应由用人单位缴纳工伤保险费，职工个人不缴纳任何费用。

（4）风险分担、互助互济原则

通过法律强制征收保险费，建立工伤保险基金，采取互助互济的方法，分散风险，缓解部分企业、行业因工伤事故或职业病所产生的负担，从而减少社会矛盾。

（5）实行行业差别费率和浮动费率原则

为强化不同工伤风险类别行业相对应的雇主责任，充分发挥缴费费率的经济杠杆作用，促进工伤预防、减少工伤事故，工伤保险实行行业差别费率，并根据用人单位工伤保险支缴率和工伤事故发生率等因素实行浮动费率。

（6）补偿与预防、康复相结合的原则

工伤补偿、工伤预防与工伤康复三者是密切相连的，构成了工伤保险制度的三个支柱。工伤预防是工伤保险制度的重要内容，工伤保险制度致力于采取各种措施，以减少和预防事故的发生。工伤事故发生后，及时对工伤职工予以医治并给予经济补偿，使工伤职工本人或家族成员生活得到一定的保障，是工伤保险制度基本的功能。同时，要及时对工伤职工进行医学康复和职业康复，使其尽可能恢复或部分恢复劳动能力，具备从事某种职业的能力，能够自食其力，这可以减少人力资源和社会资源的浪费。

（7）一次性补偿与长期补偿相结合原则

对工伤职工或工亡职工的近亲属，工伤保险待遇实行一次性补偿与长期补偿相结合的办法。如对高伤残等级的职工、工亡职工的近亲属，工伤保险机构一般在支付一次性补偿项目的同时，还按月支付长期待遇，直至其失去供养条件为止。这种一次性和长期补偿相结合的补偿办法，可以长期、有效地保障工伤职工及工亡职工近亲属的基本生活。

4. 我国工伤保险制度的适用范围是什么？

《工伤保险条例》规定，中华人民共和国境内的企业、事业单位、社会团体、民办非企业单位、基金会、律师事务所、会计师事务所等组织和有雇工的个体工商户（统称为用人单位）应当依照本条例规定参加工伤保险，为本单位全部职工或者雇工（统称为职工）缴纳工伤保险费。

中华人民共和国境内的企业、事业单位、社会团体、民办非企业单位、基金会、律师事务所、会计师事务所等组织的职工和个体工商户的雇工，均有依照本条例的规定享受工伤保险待遇的权利。

《工伤保险条例》所规定的“企业”，包括在中国境内的所有形式的企业，按照所有制划分，有国有企业、集体所有制企业、私营企业、外资企业；按照所在地域划分，有城镇企业、乡镇企业；按照企业的组织结构划分，有公司、合伙企业、个人独资企业、股份制企业等。

5. 为什么工伤保险费由用人单位或雇主缴纳?

工伤保险费是由用人单位或雇主按国家规定的费率缴纳的，劳动者个人不缴纳任何费用，这是工伤保险与养老保险、医疗保险等其他社会保险项目的不同之处。个人不缴纳工伤保险费，体现了工伤保险的严格雇主责任。

随着经济、社会的发展，世界各国已达成共识，认为劳动者在为用人单位创造财富、为社会做出贡献的同时，还冒着付出鲜血和健康的代价。因此，由用人单位缴纳保险费是完全必要和合理的。《工伤保险条例》规定，用人单位应当按时缴纳工伤保险费，职工个人不缴纳工伤保险费，用人单位缴纳工伤保险费的数额为本单位职工工资总额乘以单位缴费费率之积。对难以按照工资总额缴纳工伤保险费的行业，其缴纳工伤保险费的具体方式，由国务院社会保险行政部门规定。

6. 工伤保险待遇主要包括哪些？

《工伤保险条例》中规定的工伤保险待遇主要有：

（1）工伤医疗及康复待遇

这类待遇包括工伤治疗及相关补助待遇、工伤康复待遇、辅助器具的安装配置待遇等。

（2）停工留薪期待遇

职工因工作遭受事故伤害或者患职业病需要暂停工作接受工伤医疗的，在停工留薪期内，原工资福利待遇不变，由所在单位按月支付。停工留薪期一般不超过12个月。伤情严重或者情况特殊，经设区的市级劳动能力鉴定委员会确认，可以适当延长，但延长不得超过12个月。生活不能自理的工伤职工在停工留薪期需要护理的，由所在单位负责。

（3）伤残待遇

根据工伤发生后劳动能力鉴定确定的劳动功能障碍程度和生活处理障碍程度的等级不同，工伤职工可享受相应的一次性伤残补助金、伤残津贴、一次性工伤医疗补助金、一次性伤残就业补助金及生活护理费等。

（4）工亡待遇

职工因工死亡，其近亲属按照规定从工伤保险基金领取丧葬补助金、供养亲属抚恤金和一次性工亡补助金。

7. 什么情形可以认定为工伤和不得认定为工伤？

《工伤保险条例》对工伤认定的情形作出了明确规定。

（1）应当认定为工伤的情形

职工有下列情形之一的，应当认定为工伤：

1）在工作时间和工作场所内，因工作原因受到事故伤害的；

2）工作时间前后在工作场所内，从事与工作有关的预备性或者收尾性工作受到事故伤害的；

3）在工作时间和工作场所内，因履行工作职责受到暴力等意外伤害的；

4）患职业病的；

5）因工外出期间，由于工作原因受到伤害或者发生事故下落不明的；

6）在上下班途中，受到非本人主要责任的交通事故或者城市轨道交通、客运轮渡、火车事故伤害的；

7）法律、行政法规规定应当认定为工伤的其他情形。

（2）视同工伤的情形

职工有下列情形之一的，视同工伤：

1）在工作时间和工作岗位，突发疾病死亡或者在 48 小时之内经抢救无效死亡的；

2）在抢险救灾等维护国家利益、公共利益活动中受到伤害的；

3）职工原在军队服役，因战、因公负伤致残，已取得革命伤残军人证，到用人单位后旧伤复发的。

职工有上述第 1）项、第 2）项情形的，按照《工伤保险条例》有关规定享受工伤保险待遇；职工有上述第 3）项情形的，按照《工伤保险条例》的有关规定享受除一次性伤残补助金以外的

工伤保险待遇。

（3）不得认定为工伤的情形

职工符合前述规定，但是有下列情形之一的，不得认定为工伤或者视同工伤：

1）故意犯罪的；

2）醉酒或者吸毒的；

3）自残或者自杀的。

相关链接

田某 1996 年进入某市铸造厂从事铸造工作。某日，车间主任派他到该厂另外一车间拿工具。在返回工作岗位途中，被该厂建筑工地坠落的砖块砸伤头部，当即被送往医院救治，被诊断为脑挫裂伤。出院后，田某向单位申请工伤待遇，但是单位认为他不是在本职岗位受伤，因此不能享受工伤待遇。田某遂向当地社会保险行政部门投诉，要求认定其为工伤。

当地社会保险行政部门经调查后认为：虽然田某的致伤地点不是本职岗位，但他是受领导（车间主任）指派离开本职岗位到另一车间拿工具的，故其受伤地点应属于工作场所。这一事故具有一般工伤事故应具备的“三工”要素，即在工作时间、工作地点，因工作原因而受伤。因此，当地社会保险行政部门认定田某为工伤，并责成单位给予田某相应的工伤待遇。

8. 申请工伤认定的主要流程有哪些?

（1）发生工伤

发生工伤事故，或诊断为职业病。

（2）提出工伤认定申请

职工所在单位应当自职工事故伤害发生之日或者职工被诊断、鉴定为职业病之日 30 日内，向统筹地区社会保险行政部门提出工伤认定申请。

用人单位未按上述规定提出工伤认定申请的，工伤职工或者其近亲属、工会组织在事故伤害发生之日或者被诊断、鉴定为职业病之日起 1 年内，可以直接向用人单位所在地统筹地区社会保险行政部门提出工伤认定申请。

申请工伤应当备齐的材料包括:

1）工伤认定申请表;

2）与用人单位存在劳动关系（包括事实劳动关系）的证明材料;

3）医疗诊断证明或者职业病诊断证明书（或者职业病诊断鉴定书）。

其中，工伤认定申请表应当包括事故发生的时间、地点、原因以及职工伤害程度等基本情况。

（3）社会保险行政部门受理

申请材料完整，属于社会保险行政部门管辖范围且在受理时效内的，应当受理。申请材料不完整的，社会保险行政部门应当一次性书面告知工伤认定申请人需要补正的全部材料。

（4）作出工伤认定

社会保险行政部门应当自受理工伤认定申请之日起 60 日内作出工伤认定的决定，并书面通知申请工伤认定的职工或者其近亲属和该职工所在单位。

9. 申请劳动能力鉴定的主要流程有哪些?

（1）伤情基本稳定，进行劳动能力鉴定

职工发生工伤，经治疗伤情相对稳定后存在残疾、影响劳动能力的，应当进行劳动能力鉴定。

（2）备齐材料，提出申请

劳动能力鉴定由用人单位、工伤职工或者其近亲属向设区的市级劳动能力鉴定委员会提出申请，并提供工伤认定决定和职工工伤医疗的有关资料。

（3）接受申请，作出鉴定结论

设区的市级劳动能力鉴定委员会应当自收到劳动能力鉴定申请之日起 60 日内作出劳动能力鉴定结论，必要时，作出劳动能力鉴定结论的期限可以延长 30 日。劳动能力鉴定结论应当及时送达申请鉴定的单位和个人。

（4）存在异议，可向上级部门提出再次鉴定申请

申请鉴定的单位或者个人对设区的市级劳动能力鉴定委员会作出的鉴定结论不服的，可以在收到该鉴定结论之日起 15 日内向省、自治区、直辖市劳动能力鉴定委员会提出再次鉴定申请。省、自治区、直辖市劳动能力鉴定委员会作出的劳动能力鉴定结论为

最终结论。

（5）伤残情况发生变化，可申请劳动能力复查鉴定

自劳动能力鉴定结论作出之日起1年后，工伤职工或者其近亲属、所在单位或者经办机构认为伤残情况发生变化的，可以申请劳动能力复查鉴定。

10. 为什么要做好工伤预防?

工伤预防是建立健全工伤预防、工伤补偿和工伤康复三位一体工伤保险制度的重要内容，是指事先防范职业伤亡事故以及职业病的发生，减少事故及职业病的隐患，改善和创造有利于健康的、安全的生产环境和工作条件，保护从业人员生产、工作环境中的安全和健康。工伤预防的措施主要包括工程技术措施、教育措施和管理措施。

从业人员在劳动保护和工伤保险方面的权利与义务是基本一致的。在劳动关系中，获得劳动保护是从业人员的基本权利，工伤保险又是其劳动保护权利的延续。从业人员有权获得保障其安全健康的劳动条件，同时也有义务严格遵守安全操作规程，遵章守纪，预防职业伤害的发生。

当前国际上，现代工伤保险制度已经把事故预防放在优先位置。我国新的《工伤保险条例》也把工伤预防定为工伤保险三大任务之一，从而逐步改变了过去重补偿、轻预防的模式。因此，那种“工伤有保险，出事有人赔，只管干活挣钱”的说法，显然是错误的。工伤赔偿是发生职业伤害后的救助措施，不能挽回失

去的生命和复原残疾的身体。从业人员只有加强安全生产，才能保障自身的安全，只有做好工伤预防，才能保障自身的健康。生命安全和身体健康是从业人员的最大利益，企业和从业人员要永远共同坚持“安全第一、预防为主、综合治理”的方针。

11. 为什么要安全生产？

安全生产是党和国家在生产建设中一贯的指导思想和重要方针，是全面落实新时代中国特色社会主义思想，构建社会主义和谐社会的必然要求。

安全生产的根本目的是保障劳动者在生产过程中的安全和健康。安全生产是安全与生产的统一，安全促进生产，生产必须安全。没有安全就无法正常进行生产。搞好安全生产工作，改善劳动条件，减少职工伤亡与财产损失，不仅可以增加企业效益，促进企业的健康发展，而且还可以促进社会的和谐，保障经济建设的安全进行。

《安全生产法》是我国安全生产的专门法律、基本法律，是我国职业安全法律体系的核心，自 2002 年 11 月 1 日起实施。《安全生产法》明确规定安全生产应当以人为本，坚持安全发展，坚持安全第一、预防为主、综合治理的方针。强化和落实生产经营单位的主体责任，建立生产经营单位负责、职工参与、政府监管、行业自律和社会监督的工作机制。这是党和国家对安全生产工作的总体要求，企业和从业人员在劳动生产过程中必须严格遵循这一基本方针。

“安全第一”说明和强调了安全的重要性。人的生命是至高无上的，每个人的生命只有一次，要珍惜生命、爱护生命、保护生命。事故意味着对生命的摧残与毁灭，因此，在生产活动中，应把保护生命安全放在第一位，坚持最优先考虑人的生命安全。“预防为主”是指安全工作的重点应放在预防事故的发生上。按照系统工程理论，按照事故发展的规律和特点，预防事故的发生。安全工作应当在生产活动之前，事先就充分考虑事故发生的可能性，并自始至终采取有效措施以防止和减少事故。“综合治理”是指要自觉遵循安全生产规律，抓住安全生产工作中的主要矛盾和关键环节。要标本兼治，重在治本，采取各种管理手段预防事故发生，实现治标的同时，研究治本的方法。要综合运用科技、经济、法律、行政等手段，并充分发挥社会、职工、舆论的监督作用，从各个方面着手解决影响安全生产的深层次问题，做到思想上、制度上、技术上、监督检查上、事故处理上和应急救援上的综合管理。

法律提示

《宪法》第四十二条第一款、第二款规定，中华人民共和国公民有劳动的权利和义务。

国家通过各种途径，创造劳动就业条件，加强劳动保护，改善劳动条件，并在发展生产的基础上，提高劳动报酬和福利待遇。

12. 什么是有限空间？

有限空间是指封闭或部分封闭、进出口受限但人员可以进入，未被设计为固定工作场所，通风不良，易造成有毒有害、易燃易爆物质积聚或氧含量不足的空间。有限空间一般具备以下特点：

（1）空间有限，与外界相对隔离。有限空间是一个有形的，与外界相对隔离的空间。有限空间既可以是全部封闭的，如各种检查井、反应釜，也可以是部分封闭的，如敞口的污水处理池等。

（2）进出口受限或进出不便，但人员能够进入开展有关工作。有限空间限于本身的体积、形状和构造，进出口一般与常规的人员进出通道不同，大多较为狭小，如直径 80 厘米的井口或直径 60 厘米的人孔，或进出口的设置不便于人员进出，如各种敞口池。虽然有限空间的进出口受限或进出不便，但人员可以进入其中开展工作。如果开口尺寸或空间体积不足以让人进入，则不属于有限空间，如仅设有观察孔的储罐、安装在墙上的配电箱等。

（3）未按固定工作场所设计，人员只是在必要时进入有限空间进行临时性工作。有限空间在设计上未按照固定工作场所的相应标准和规范，考虑采光、照明、通风和新风量等要求，建成后内部的气体环境不能确保符合安全要求，人员只是在必要时进入进行临时性工作。

（4）通风不良，易造成有毒有害、易燃易爆物质积聚或氧含量不足。有限空间因封闭或部分封闭、进出口受限且未按固定工作场所设计，内部通风不良，容易造成有毒有害、易燃易爆物质积聚或氧含量不足，对人员会产生中毒、燃爆和缺氧风险。

13. 常见的有限空间有哪些?

有限空间分为地下有限空间、地上有限空间和密闭设备三大类:

（1）地下有限空间，如地下室、地下仓库、地下工程、地下管沟、暗沟、隧道、涵洞、地坑、深基坑、废井、地窖、检查井室、沼气池、化粪池、污水处理池等;

（2）地上有限空间，如酒糟池、发酵池、腌渍池、纸浆池、粮仓、料仓等;

（3）密闭设备，如船舱、储（槽）罐、车载槽罐、反应塔（釜）、窑炉、炉膛、烟道、管道及锅炉等。

14. 常见的有限空间作业有哪些?

有限空间作业是指人员进入有限空间实施的作业。常见的有限空间作业主要有:

（1）清除、清理作业，如进入污水井进行疏通，进入发酵池进行清理等;

（2）设备设施的安装、更换、维修等作业，如进入地下管沟敷设线缆、进入污水调节池更换设备等;

（3）涂装、防腐、防水、焊接等作业，如在储罐内进行防腐作业、在船舱内进行焊接作业等;

（4）巡查、检修等作业，如进入检查井、热力管沟进行巡检等。

15. 有限空间作业主要安全风险有哪些?

有限空间作业存在的主要安全风险包括中毒、缺氧窒息、燃爆以及淹溺、高处坠落、触电、物体打击、机械伤害、灼烫、坍塌、掩埋、高温高湿等。在某些环境下，上述风险可能共存，并具有隐蔽性和突发性。

（1）中毒

有限空间内存在或积聚有毒有害气体，作业人员吸入后会发生化学性中毒，甚至死亡。有限空间中有毒有害气体可能的来源包括：有限空间内存储的有毒有害物质的挥发，有机物分解产生的有毒有害气体，进行焊接、涂装等作业时产生的有毒有害气体，相连或相近设备、管道中有毒有害物质的泄漏等。有毒有害气体主要通过呼吸道进入人体，再经血液循环，对人体的呼吸、神经、血液等系统及肝脏、肺、肾脏等脏器造成严重损伤。

（2）缺氧窒息

空气中氧含量的体积分数约为 20.9%，对人体而言，氧含量的合格范围应在 19.5%~23.5%，氧含量低于 19.5% 时就会导致人体缺氧。缺氧会对人体多个系统及脏器造成影响，当氧含量低于 6% 时，可致人在 40 秒内死亡。

有限空间内缺氧主要有两种情形：一是由于生物的呼吸作用或物质的氧化作用，有限空间内的氧气被消耗导致缺氧；二是有限空间内存在二氧化碳、甲烷、氮气、氩气、水蒸气和六氟化硫等单纯性窒息气体，排挤氧空间，使空气中氧含量降低，造成缺氧。

（3）燃爆

当有限空间中积聚的甲烷、氢气等可燃性气体，以及铝粉、玉米淀粉、煤粉等可燃性粉尘与空气混合形成爆炸性混合物，若浓度达到爆炸极限，遇明火、化学反应放热、撞击或摩擦火花、电气火花、静电火花等点火源时，就会发生燃爆事故。因此，有限空间内可燃性气体浓度应低于爆炸下限的 10%。

（4）其他安全风险

有限空间内还可能存在淹溺、高处坠落、触电、物体打击、机械伤害、灼烫、坍塌、掩埋和高温高湿等安全风险。

16. 职工发生工伤后该怎么办？

职工在工作中受到伤害后应积极保障自己的合法权益。

（1）工伤认定

用人单位应当自事故伤害发生之日或者被诊断、鉴定为职业病之日起 30 日内，工伤职工或者其直系亲属、工会组织应在事故伤害发生之日或者被诊断、鉴定为职业病之日起 1 年内，向统筹地区社会保险行政部门提出工伤认定申请，并按照《工伤保险条例》第十八条规定，提交相关申请材料，具体包括：工伤认定申请表，与用人单位存在劳动关系（包括事实劳动关系）的证明材料，医疗诊断证明或者职业病诊断证明书（或者职业病诊断鉴定书）等。

（2）工伤医疗

职工因工作遭受事故伤害或者患职业病进行治疗，享受工伤医疗待遇。职工治疗工伤应当在签订服务协议的医疗机构就医，情况紧急时可以先到就近的医疗机构急救。参保工伤职工治疗工伤所需费用按规定从工伤保险基金支付。

（3）工伤康复

工伤职工到签订服务协议的康复机构进行工伤康复的费用，符合规定的，从工伤保险基金支付。

（4）劳动能力鉴定

职工发生工伤，经治疗伤情相对稳定后存在残疾、影响劳动能力的，应当进行劳动能力鉴定。劳动能力鉴定由用人单位、工伤职工或者其近亲属向设区的市级劳动能力鉴定委员会提出申请，并提供工伤认定决定和职工工伤医疗的有关资料。

（5）工伤保险待遇

已经参加工伤保险的有限空间作业职工受到事故伤害或者被诊断、鉴定为职业病经认定为工伤后，按照《工伤保险条例》规定享受各项工伤保险待遇。

工伤保险待遇包括工伤医疗期间待遇、工伤医疗终结后一次性发放的待遇、工伤医疗终结后定期发放的待遇及因工死亡待遇等。

17. 从业人员的工伤预防责任主要有哪些?

（1）遵守劳动纪律，自觉执行企业安全规章制度和安全操作规程，听从指挥，杜绝违章行为；

（2）认真执行交接班制度，保证本岗位工作地点和设备工具的安全、整洁，不随便拆除安全防护装置，不使用自己不该使用的机械和设备；

（3）自觉并正确佩戴劳动防护用品，妥善保管和正确使用各种防护器具和灭火器材；

（4）积极参加安全生产教育和安全生产技能培训，提高安全操作技术水平；

（5）不得擅自私拉乱接电线，不得擅自动用明火；

（6）及时报告、处理事故隐患，积极参加事故抢救工作；

（7）批评、检举、拒绝违章指挥、违章操作、违反劳动纪律行为。

法律提示

《安全生产法》规定，从业人员在作业过程中，应当严格遵守本单位的安全生产规章制度和操作规程，服从管理，正确佩戴和使用劳动防护用品。从业人员应当接受安全生产教育和培训，掌握本职工作所需的安全生产知识，提高安全生产技能，增强事故预防和应急处理能力。从业人员发现事故隐患或者其他不安全因素，应当立即向现场安全生产管理人员或者本单位负责人报告；接到报告的人员应当及时予以处理。

18. 应注意杜绝哪些不安全行为?

一般来说，凡是能够或可能导致事故发生的人为失误均属于不安全行为。《企业职工伤亡事故分类》(GB 6441—1986) 中规定的 13 大类不安全行为如下：

(1) 未经许可开动、关停、移动机器；开动、关停机器时未给信号；开关未锁紧，造成意外转动、通电或泄漏等；忘记关闭设备；忽视警告标志、警告信号；操作错误（指按钮、阀门、扳手、把柄等的操作)；奔跑作业；供料或送料速度过快；机械超速运转；违章驾驶机动车；酒后作业；客货混载；冲压机作业时，手伸进冲压模；工件紧固不牢；用压缩空气吹铁屑等。

(2) 拆除安全装置，安全装置堵塞，调整错误造成安全装置失效。

（3）临时使用不牢固的设施或无安全装置的设备等。

（4）用手代替工具操作；用手清除切屑；不用夹具固定，用手拿工件进行机加工。

（5）成品、半成品、材料、工具、切屑和生产用品等存放不当。

（6）冒险进入危险场所。

（7）攀、坐不安全位置（如，平台护栏、汽车挡板、吊车吊钩）。

（8）在起吊物下作业、停留。

（9）机器运转时进行加油、修理、检查、调整、焊接、清扫等。

（10）有分散注意力的行为。

（11）在必须使用劳动防护用品用具的作业或场合中，忽视其使用。

（12）在有旋转零部件的设备旁作业穿肥大服装，操纵带有旋转零部件的设备时戴手套等。

（13）对易燃、易爆等危险物品处理错误。

19. 应注意避免出现哪些不安全心理？

根据大量的工伤事故案例分析，导致从业人员发生职业伤害最常见的不安全心理状态主要有以下几种：

（1）自我表现心理——“虽然我进厂时间短，但我年轻、聪明，干这活儿不在话下……”。

（2）经验心理——“多少年一直是这样干的，干了多少遍了，能有什么问题……”。

（3）侥幸心理——“完全照操作规程做太麻烦了，变通一下也不一定会出事吧……”。

（4）从众心理——“他们都没戴安全帽，我也不戴了……”。

（5）逆反心理——“凭什么听班长的呀，今儿就这么干，我就不信会出事……”。

（6）反常心理——“早晨孩子肚子疼，自己去了医院，也不知道是什么病，真担心……”。

血的教训

2013 年 5 月的一天，某机械厂切割机操作工王某，在巡视纵向切割机时发现刀锯与板坯摩擦，有冒烟和燃烧现象，如不及时处理有可能引起火灾。王某当即停掉风机和切割机去排除故障，但没有关闭皮带机电源，皮带机仍然处于运转中。当王某伸手去掏燃着的纤维板屑时，袖口连同右臂突然被皮带机齿轮绞住，直到工友听到王某的呼救声才关闭了皮带机电源。此起事故造成王某右臂伤残。

这起事故的发生与操作者存在侥幸麻痹心理有直接的关系。操作者以前多次不关闭皮带机就去排除故障，侥幸未造成事故，因而麻痹大意，由此逐渐形成习惯性违章行为并最终导致惨剧发生。

第2章 权利和义务

20. 从业人员工伤保险和工伤预防的权利主要体现在哪些方面？

职工工伤保险和工伤预防的权利主要体现在以下几个方面：

（1）有权获得劳动安全卫生教育和培训，了解所从事的工作可能对身体健康造成的危害和可能发生的不安全事故。从事特种作业要取得特种作业资格，持证上岗。

（2）有权获得保障自身安全健康的劳动条件和劳动防护用品。

（3）有权对用人单位管理人员违章指挥、强令冒险作业予以拒绝。

（4）有权对危害生命安全和身体健康的行为提出批评、检举和控告。

（5）从事职业危害作业的职工有权获得定期健康检查。

（6）发生工伤时，有权得到抢救治疗。

（7）发生工伤后，职工或其近亲属有权向当地社会保险行政部门申请工伤认定和享受工伤保险待遇。

（8）工伤职工有权依法享受有关工伤保险待遇。

（9）工伤职工发生伤残，有权提出劳动能力鉴定申请和再次鉴定申请。自劳动能力鉴定结论作出之日起一年后，工伤职工或者近亲属认为伤残情况发生变化的，可以申请劳动能力复查鉴定。

（10）因工致残尚有工作能力的职工，在就业方面应得到特殊保护。依照法律规定，用人单位对因工致残的职工不得解除劳动合同，并应根据不同情况安排适当工作。在建立和发展工伤康复事业的情况下，工伤职工应当得到职业康复培训和再就业帮助。

（11）职工与用人单位发生工伤待遇方面的争议，按照处理劳动争议的有关规定处理；职工对工伤认定结论不服或对经办机构核定的工伤保险待遇有异议的，可以依法申请行政复议，也可以依法向人民法院提起行政诉讼。

21. 什么是安全生产的知情权和建议权？

在生产劳动过程中，往往存在着一些对从业人员安全和健康有危险、危害的因素。从业人员有权了解其作业场所和工作岗位与安全生产有关的情况：一是存在的危险因素；二是防范措施；三是事故应急措施。从业人员对于安全生产的知情权，是保护劳动者生命健康权的重要前提。如果从业人员知道并且掌握有关安全生产的知识和处理办法，就可以消除许多不安全因素和事故隐患，避免或者减少事故的发生。

同时，从业人员对本单位的安全生产工作有建议权。安全生产工作涉及从业人员的生命安全和身体健康，从业人员有权参与用人单位的民主管理，并且通过这样的民主管理，充分调动其关心安全生产的积极性与主动性，为本单位的安全生产工作献计献策，提出意见与建议。

22. 什么是安全生产的批评、检举、控告权？

这里讲的批评权，是指从业人员对本单位安全生产工作中存在的问题提出批评的权利。这一权利规定有利于从业人员对用人单位的生产经营进行群众监督，促使生产经营单位不断改进本单

位的安全生产工作。

这里讲的检举权、控告权，是指从业人员对本用人单位及有关人员违反安全生产法律法规的行为，有向主管部门和司法机关进行检举和控告的权利。检举可以署名，也可以不署名；可以用书面形式，也可以用口头形式。但是，从业人员在行使这一权利时，应注意检举和控告的情况必须真实，要实事求是。此外，法律明令禁止对检举者和控告者进行打击报复。

23. 女职工依法享有哪些特殊劳动保护权利?

女职工的身体结构和生理特点决定其应受到特殊劳动保护。女职工的体力一般比男职工差，特别是女职工在“五期”（经期、孕期、产期、哺乳期、围绝经期）有特殊的生理变化，所以女职工对工业生产过程中的有毒有害因素一般比男职工更敏感。另外，高噪声、剧烈振动、放射性物质等都会对女性生殖机能和身体产生有害影响。因此，要做好和加强女职工的特殊劳动保护工作，避免和减少生产劳动过程给女职工带来危害。

《女职工劳动保护特别规定》经 2012 年 4 月 18 日国务院第 200 次常务会议通过，由国务院令第 619 号公布施行。该规定对女职工的特殊劳动保护作出以下要求：

（1）用人单位应当加强女职工劳动保护，采取措施改善女职工劳动安全卫生条件，对女职工进行劳动安全卫生知识培训。

（2）用人单位应当遵守女职工禁忌从事的劳动范围的规定。用人单位应当将本单位属于女职工禁忌从事的劳动范围的岗位书面告知女职工。

（3）用人单位不得因女职工怀孕、生育、哺乳降低其工资、予以辞退、与其解除劳动或者聘用合同。

（4）女职工在孕期不能适应原劳动的，用人单位应当根据医疗机构的证明，予以减轻劳动量或者安排其他能够适应的劳动。对怀孕 7 个月以上的女职工，用人单位不得延长劳动时间或者安排夜班劳动，并应当在劳动时间内安排一定的休息时间。怀孕女职工在劳动时间内进行产前检查，所需时间计入劳动时间。

（5）女职工生育享受 98 天产假，其中产前可以休假 15 天；难产的，增加产假 15 天；生育多胞胎的，每多生育 1 个婴儿，增加产假 15 天。女职工怀孕未满 4 个月流产的，享受 15 天产假；怀孕满 4 个月流产的，享受 42 天产假。

（6）女职工产假期间的生育津贴：对已经参加生育保险的，

按照用人单位上年度职工月平均工资的标准由生育保险基金支付；对未参加生育保险的，按照女职工产假前工资的标准由用人单位支付。女职工生育或者流产的医疗费用，按照生育保险规定的项目和标准，对已经参加生育保险的，由生育保险基金支付；对未参加生育保险的，由用人单位支付。

（7）对哺乳未满 1 周岁婴儿的女职工，用人单位不得延长劳动时间或者安排夜班劳动。用人单位应当在每天的劳动时间内为哺乳期女职工安排 1 小时哺乳时间；女职工生育多胞胎的，每多哺乳 1 个婴儿每天增加 1 小时哺乳时间。

（8）女职工比较多的用人单位应当根据女职工的需要，建立女职工卫生室、孕妇休息室、哺乳室等设施，妥善解决女职工在生理卫生、哺乳方面的困难。

（9）在劳动场所，用人单位应当预防和制止对女职工的性骚扰。

（10）用人单位违反有关规定，侵害女职工合法权益的，女职工可以依法投诉、举报、申诉，依法向劳动人事争议调解仲裁机构申请调解仲裁，对仲裁裁决不服的，可以依法向人民法院提起诉讼。

法律提示

（1）女职工禁忌从事的劳动范围

1）矿山井下作业；

2）体力劳动强度分级标准中规定的第四级体力劳动强度的作业；

3）每小时负重6次以上、每次负重超过20千克的作业，或者间断负重、每次负重超过25千克的作业。

（2）女职工在经期禁忌从事的劳动范围

1）冷水作业分级标准中规定的第二级、第三级、第四级冷水作业；

2）低温作业分级标准中规定的第二级、第三级、第四级低温作业；

3）体力劳动强度分级标准中规定的第三级、第四级体力劳动强度的作业；

4）高处作业分级标准中规定的第三级、第四级高处作业。

（3）女职工在孕期禁忌从事的劳动范围

1）作业场所空气中铅及其化合物、汞及其化合物、苯、镉、铍、砷、氰化物、氮氧化物、一氧化碳、二硫化碳、氯、己内酰胺、氯丁二烯、氯乙烯、环氧乙烷、苯胺、甲醛等有毒物质浓度超过国家职业卫生标准的作业；

2）从事抗癌药物、己烯雌酚生产，接触麻醉剂气体等的作业；

3）非密封源放射性物质的操作，核事故与放射事故的应急处置；

4）高处作业分级标准中规定的高处作业；

5）冷水作业分级标准中规定的冷水作业；

6）低温作业分级标准中规定的低温作业；

7）高温作业分级标准中规定的第三级、第四级的作业；

8）噪声作业分级标准中规定的第三级、第四级的作业；

9）体力劳动强度分级标准中规定的第三级、第四级体力劳动强度的作业；

10）在密闭空间、高压室作业或者潜水作业，伴有强烈振动的作业，或者需要频繁弯腰、攀高、下蹲的作业。

（4）女职工在哺乳期禁忌从事的劳动范围

1）孕期禁忌从事的劳动范围的第1）项、第3）项、第9）项；

2）作业场所空气中锰、氟、溴、甲醇、有机磷化合物、有机氯化合物等有毒物质浓度超过国家职业卫生标准的作业。

24. 为什么未成年工享有特殊劳动保护权利？

未成年工依法享有特殊劳动保护的权利。这是针对未成年工处于生长发育期的特点所采取的特殊劳动保护措施。

未成年工处于生长发育期，身体机能尚未健全，也缺乏生产知识和生产技能，过重及过度紧张的劳动、不良的工作环境、不适的劳动工种或劳动岗位，都会对他们产生不利影响，如果劳动过程中不进行特殊保护就会损害他们的身体健康。

例如，未成年女工长期从事负重作业和立位作业，可影响骨盆正常发育，导致其成年后生育难产发病率增高；未成年工对生产性毒物敏感性较高，长期从事有毒有害作业易引起职业中毒，影响其生长发育。

法律提示

《中华人民共和国劳动法》第五十八条第二款规定，未成年工是指年满十六周岁未满十八周岁的劳动者。

第六十四条规定，不得安排未成年工从事矿山井下、有毒有害、国家规定的第四级体力劳动强度的劳动和其他禁忌从事的劳动。

第六十五条规定，用人单位应当对未成年工定期进行健康检查。

关于未成年工其他特殊劳动保护政策和未成年工禁忌作

业范围的规定，可查阅《中华人民共和国未成年人保护法》《未成年工特殊保护规定》等。

25. 签订劳动合同时应注意哪些事项?

劳动者在上岗前应和用人单位依法签订劳动合同，建立明确的劳动关系，确定双方的权利和义务。关于劳动保护和安全生产，在签订劳动合同时应注意两方面的问题：第一，在合同中要载明保障劳动者劳动安全、防止职业危害的事项；第二，在合同中要载明依法为劳动者办理工伤保险的事项。

遇有以下合同不要签：

（1）“生死合同”

在危险性较高的行业，用人单位往往在合同中写上一些逃避责任的条款，如“发生伤亡事故，单位概不负责”等。

（2）“暗箱合同”

这类合同隐瞒工作过程中的职业危害，或者采取欺骗手段剥夺劳动者的合法权利。

（3）“霸王合同”

有的用人单位与劳动者签订劳动合同时，只强调自身的利益，无视劳动者依法享有的权益，不容许劳动者提出意见，甚至规定“本合同条款由用人单位解释”等。

（4）“卖身合同”

这类合同要求劳动者无条件听从用人单位安排，用人单位可以任意安排加班加点、强迫劳动，使劳动者完全失去人身自由。

（5）“双面合同”

一些用人单位在与劳动者签订合同时准备了两份合同，一份合同用来应付有关部门的检查，一份用来约束劳动者。

法律提示

《安全生产法》规定：生产经营单位与从业人员订立的劳动合同，应当载明有关保障从业人员劳动安全、防止职业危害的事项，以及依法为从业人员办理工伤保险的事项。生产经营单位不得以任何形式与从业人员订立协议，免除或者减轻其对从业人员因生产安全事故伤亡依法应承担的责任。

26. 职工工伤保险和工伤预防的义务主要有哪些?

权利与义务是对等的，有相应的权利，就有相应的义务。职工在工伤保险和工伤预防方面的义务主要如下：

（1）职工有义务遵守劳动纪律和用人单位的规章制度，做好本职工作和被临时指定的工作，服从本单位负责人的工作安排和指挥。

（2）职工在劳动过程中必须严格遵守安全操作规程，正确使用劳动防护用品，接受劳动安全卫生教育和培训，配合用人单位积极预防事故和职业病。

（3）职工或其近亲属报告工伤和申请工伤保险待遇时，有义务如实反映发生事故和职业病的有关情况及工资收入、家庭有关

情况；当有关部门调查取证时，应当给予配合。

（4）除紧急情况外，发生工伤的职工应当到工伤保险签订服务协议的医疗机构进行治疗，对于治疗、康复、评残要接受有关机构的安排，并给予配合。

27. 职工为何必须遵章守制与服从管理?

安全生产规章制度、安全操作规程是生产经营单位管理规章制度的重要组成部分。

根据《安全生产法》及其他有关法律、法规和规章的规定，生产经营单位必须制定本单位安全生产的规章制度和操作规程。职工必须严格依照这些规章制度和操作规程进行生产经营作业。单位的负责人和管理人员有权依照规章制度和操作规程进行安全管理，监督检查职工遵章守制的情况。依照法律规定，生产经营单位的职工不服从管理，违反安全生产规章制度和操作规程的，由生产经营单位给予批评教育，依照有关规章制度给予处分；造成重大事故，构成犯罪的，依照刑法有关规定追究其刑事责任。

28. 为什么职工必须按规定佩戴和使用劳动防护用品?

职工在劳动生产过程中应履行按规定佩戴和使用劳动防护用品的义务。

按照法律法规的规定，为保障人身安全，用人单位必须为职工提供必要的、安全的劳动防护用品，以避免或者减轻作业中的人身伤害。但在实践中，一些职工缺乏安全知识，心存侥幸或嫌麻烦，往往不按规定佩戴和使用劳动防护用品，由此引发的人身伤害事故时有发生。另外，有的职工由于不会或者没有正确使用劳动防护用品，同样也难以避免受到人身伤害。因此，正确佩戴和使用劳动防护用品是职工必须履行的法定义务，这是保障职工人身安全和用人单位安全生产的需要。

血的教训

某日下午，某水泥厂包装工在进行倒料作业。包装工王某因脚穿拖鞋，行动不便，重心不稳，左脚踩进螺旋输送机上部 10 厘米宽的缝隙内，正在运行的机器将其脚和腿绞了进去。王某大声呼救，其他人员见状立即停车并反转盘车，才将王某的脚和腿退出。尽管王某被迅速送到医院救治，仍造成左腿高位截肢。

造成这起事故的直接原因是王某未按规定穿工作鞋，而是穿着拖鞋，在凹凸不平的机器上行走，失足踩进机器缝隙。这起事故说明，上班时间职工必须按规定佩戴和使用劳动防护用品，绝不允许穿着拖鞋上岗操作。一旦发现这种违章行为，班组长以及其他职工应该及时纠正。

29. 为什么职工应当接受安全教育和培训？

不同企业、不同工作岗位和不同的生产设施设备具有不同的

安全技术特性和要求。随着高新技术装备的大量使用，企业对职工的安全素质要求越来越高。职工安全意识和安全技能的高低，直接关系企业生产活动的安全可靠性。职工需要具有系统的安全知识、熟练的安全生产技能，以及对不安全因素和事故隐患、突发事故的预防、处理能力和经验。要适应企业生产活动的需要，职工必须接受专门的安全生产教育和业务培训，不断提高自身的安全生产技术知识和能力。

30. 发现事故隐患应该怎么办？

职工往往属于事故隐患和不安全因素的第一当事人。许多生产安全事故正是由于职工在作业现场发现事故隐患和不安全因素后，没有及时报告，以致延误了采取措施进行紧急处理的时机，

最终酿成惨剧。相反，如果职工尽职尽责，及时发现并报告事故隐患和不安全因素，使之得到及时、有效的处理，就完全可以避免事故发生和降低事故损失。所以，发现事故隐患并及时报告是贯彻“安全第一、预防为主、综合治理”方针，加强事前防范的重要措施。

第3章 有限空间作业安全管理

31. 有限空间作业安全监督管理规定有哪些?

《工贸企业有限空间作业安全管理与监督暂行规定》对有限空间作业的安全监督管理作了如下规定:

（1）安全生产监督管理部门应当加强对工贸企业有限空间作业的监督检查，将检查纳入年度执法工作计划。对发现的事故隐患和违法行为，依法作出处理。

（2）安全生产监督管理部门对工贸企业有限空间作业实施监督检查时，应当重点抽查有限空间作业安全管理制度、有限空间管理台账、检测记录、劳动防护用品配备、应急救援演练、专项安全培训等情况。

（3）安全生产监督管理部门应当加强对行政执法人员的有限

空间作业安全知识培训，并为检查有限空间作业安全的行政执法人员配备必需的劳动防护用品、检测仪器。

（4）安全生产监督管理部门及其行政执法人员发现有限空间作业存在重大事故隐患的，应当责令立即或者限期整改；重大事故隐患排除前或者排除过程中无法保证安全的，应当责令暂时停止作业，撤出作业人员；重大事故隐患排除后，经审查同意，方可恢复作业。

32. 有限空间作业安全管理制度有哪些?

为规范有限空间作业安全管理，存在有限空间作业的单位应建立健全有限空间作业安全管理制度和安全操作规程。安全管理制度主要包括安全责任制度、作业审批制度、作业现场安全管理制度、相关从业人员安全教育和培训制度、应急管理制度等。有限空间作业安全管理制度应纳入单位安全管理制度体系统一管理，可单独建立也可与相应的安全管理制度进行有机融合。在制度和操作规程内容上：一方面要符合相关法律、法规、规范和标准要求，另一方面要充分结合本单位有限空间作业的特点和实际情况，确保具备科学性和可操作性。

相关链接

《工贸企业有限空间作业安全管理与监督暂行规定》第五条规定，存在有限空间作业的工贸企业应当建立下列安全生产制度和规程：

（1）有限空间作业安全责任制度；

（2）有限空间作业审批制度；

（3）有限空间作业现场安全管理制度；

（4）有限空间作业现场负责人、监护人员、作业人员、应急救援人员安全培训教育制度；

（5）有限空间作业应急管理制度；

（6）有限空间作业安全操作规程。

33. 有限空间作业安全管理措施有哪些?

（1）辨识有限空间并建立健全管理台账

存在有限空间作业的单位应根据有限空间的定义，辨识本单位存在的有限空间及其安全风险，确定有限空间数量、位置、名称、主要危险有害因素、可能导致的事故及后果、防护要求、作业主体等情况，建立有限空间管理台账并及时更新。

通常有限空间的判定原则包括以下 4 个方面：

1）进出口有限，不便于逃生；

2）非正常有人作业的空间；

3）人可以进入空间内部作业；

4）存在有毒有害、易燃易爆物质积聚，或氧含量不足等危险因素。

（2）设置安全警示标识或安全告知牌

对辨识出的有限空间作业场所，应在显著位置设置安全警示标识或安全告知牌，以提醒人员增强风险防控意识并采取相应的防护措施。

（3）配置有限空间作业安全防护设备设施

为确保有限空间作业安全，单位应根据有限空间作业环境和作业内容，配备气体检测设备、呼吸防护用品、坠落防护用品、其他个体防护用品和通风设备、照明设备、通信设备以及应急救援装备等。单位应加强设备设施的管理和维护保养，并指定专人建立设备台账，负责维护、保养和定期检验、检定和校准等工作，确保设备处于完好状态。当发现设备设施影响安全使用时，应及时修复或更换。

（4）制定应急救援预案并定期演练

存在有限空间作业的单位应根据有限空间作业的特点，辨识可能发生的安全风险，明确救援工作分工及职责、现场处置程序等，按照《生产安全事故应急预案管理办法》（应急管理部令第 2 号）和《生产经营单位生产安全事故应急预案编制导则》（GB/T 29639—2020），制定科学、合理、可行、有效的有限空间作业安全事故专项应急预案或现场处置方案，定期组织培训，确保有限空间作业现场负责人、监护人员、作业人员以及应急救援人员掌握应急预案内容。有限空间作业安全事故专项应急预案应每年至少组织 1 次演练，现场处置方案应至少每半年组织 1 次演练。

（5）加强有限空间发包作业管理

将有限空间作业发包的，承包单位应具备相应的安全生产条件，即应满足有限空间作业所需的安全生产责任制、安全生产规章制度、安全操作规程、安全防护设备、应急救援装备、人员资质和应急处置能力等方面的要求。

发包单位对发包作业安全承担主体责任。发包单位应与承包单位签订安全生产管理协议，明确双方的安全管理职责，或在合同中明确约定各自的安全生产管理职责。发包单位应对承包单位的作业方案和实施的作业进行审批，对承包单位的安全生产工作统一协调、管理，定期进行安全检查，发现安全问题的，应当及时督促整改。

承包单位对其承包的有限空间作业安全承担直接责任，应严格按照有限空间作业安全要求开展作业。

相关链接

《工贸企业有限空间作业安全管理与监督暂行规定》明确要求：

（1）工贸企业应当对本企业的有限空间进行辨识，确定有限空间的数量、位置以及危险有害因素等基本情况，建立有限空间管理台账，并及时更新。

（2）工贸企业应当根据有限空间存在危险有害因素的种类和危害程度，为作业人员提供符合国家标准或者行业标准规定的劳动防护用品，并教育监督作业人员正确佩戴与使用。

（3）工贸企业应当根据本企业有限空间作业的特点，制定应急预案，并配备相关的呼吸器、防毒面罩、通信设备、安全绳索等应急装备和器材。有限空间作业的现场负责人、监护人员、作业人员和应急救援人员应当掌握相关应急预案内容，定期进行演练，提高应急处置能力。

（4）工贸企业将有限空间作业发包给其他单位实施的，应当发包给具备国家规定资质或者安全生产条件的承包方，并与承包方签订专门的安全生产管理协议或者在承包合同中明确各自的安全生产职责。工贸企业应当对承包单位的安全生产工作统一协调、管理，定期进行安全检查，发现安全问题的，应当及时督促整改。

工贸企业对其发包的有限空间作业安全承担主体责任，承包方对其承包的有限空间作业安全承担直接责任。

34. 有限空间作业专项安全培训包括哪些内容?

单位应对有限空间作业分管负责人、安全管理人员、作业现场负责人、监护人员、作业人员、应急救援人员进行专项安全培训，参加培训的人员应在培训记录上签字确认，单位应妥善保存培训相关材料。

专项安全培训内容主要包括：有限空间作业安全基础知识，有限空间作业安全管理，有限空间作业危险有害因素和安全防范措施，有限空间作业安全操作规程，安全防护设备、劳动防护用品及应急救援装备的正确使用，紧急情况下的应急处置措施等。

单位分管负责人和安全管理人员应当具备相应的有限空间作业安全生产知识和管理能力。有限空间作业现场负责人、监护人员、作业人员和应急救援人员应当了解和掌握有限空间作业危险有害因素和安全防范措施，熟悉有限空间作业安全操作规程、设备使用方法、事故应急处置措施及自救和互救知识等。

相关链接

《工贸企业有限空间作业安全管理与监督暂行规定》第六条规定，工贸企业应当对从事有限空间作业的现场负责人、监护人员、作业人员、应急救援人员进行专项安全培训。专项安全培训应当包括下列内容：

（1）有限空间作业的危险有害因素和安全防范措施；

（2）有限空间作业的安全操作规程；

（3）检测仪器、劳动防护用品的正确使用；

（4）紧急情况下的应急处置措施。

安全培训应当有专门记录，并由参加培训的人员签字确认。

35. 有限空间作业安全防护基本要求有哪些？

（1）做好连通与隔断

当作业人员在特殊场所（如冷库等密闭设备）内部作业时，如果供作业人员出入的门或窗不能很容易地从内部打开而又无通信、报警装置时，严禁关闭门或窗。当作业人员在与输送管道连接的密闭设备内部作业时，必须安装盲板，将有害介质可靠切断，并派专人看守或在醒目处设置“已加盲板，禁止扳动”的安全标识牌。

（2）规范作业程序

严格执行有限空间作业审批制度，核对好工作票、现场作业安全控制卡等审批手续，严格遵守“先通风、再检测、后作业”的原则，作业中监护人员和措施不缺位。作业结束清点作业人员、设备无误后，方可撤掉通风设备等防护设施。

（3）确保空气达标

必须配备通风换气设备设施或采取通风置换措施，使有限空间中氧含量在作业过程中始终保持在 19.5%~23%。严禁用纯氧进行通风换气。未经通风和检测合格，任何人员不得进入有限空间作业。检测的时间不得早于作业开始前 30 分钟。作业中断超过 30

分钟，作业人员再次进入有限空间作业前，应当重新通风，检测合格后方可进入。

（4）全过程监护

作业人员进入有限空间前和离开时须准确清点人数。在有限空间内作业时，必须安排监护人员，监护人员应密切监视作业状况，不得离岗，发现异常情况，须及时采取有效措施。作业人员与监护人员应使用对讲机或者事先规定明确的联络信号，并保持有效联络。严禁无关人员进入有限空间，并应在醒目处做好标识。存在交叉作业时，采取避免互相伤害的措施。

36. 有限空间作业常用安全防护设备设施有哪些?

（1）便携式气体检测报警仪

便携式气体检测报警仪可连续实时监测并显示被测气体浓度，

当达到设定报警值时可实时报警。便携式气体检测报警仪按传感器数量划分，可分为单一式和复合式，按采样方式划分，可分为扩散式和泵吸式。

单一式气体检测报警仪内置单一传感器，只能检测一种气体。复合式气体检测报警仪内置多个传感器，可检测多种气体。有限空间作业主要使用复合式气体检测报警仪。

扩散式气体检测报警仪依靠被测气体自然扩散到达检测仪的传感器进行检测，因此无法进行远距离采样，一般适合作业人员随身携带进入有限空间，在作业过程中实时检测周边气体浓度。泵吸式气体检测报警仪采用一体化吸气泵或者外置吸气泵，通过采气管将远距离的气体吸入检测仪中进行检测。作业前应在有限空间外使用泵吸式气体检测报警仪进行检测。

选用便携式气体检测报警仪时应注意的事项：

1）便携式气体检测报警仪应符合《作业场所环境气体检测报警仪　通用技术要求》（GB 12358—2006）的规定，其检测范围、检测和报警精度应满足工作要求。

2）便携式气体检测报警仪应每年至少检定或校准 1 次，量值准确方可使用。

3）仪器外观检查合格后，在洁净空气下开机，确认“零点”正常后再进行检测；若数据异常，应先进行手动“调零”。

4）使用泵吸式气体检测报警仪时，应确保采样泵、采样管处于完好状态。

5）使用后，在洁净环境中待数据回归“零点”后关机。

（2）呼吸防护用品

根据呼吸防护方法，呼吸防护用品可分为隔绝式和过滤式两大类。

1）隔绝式呼吸防护用品。隔绝式呼吸防护用品依靠本身携带的气源或者通过导气管引入作业环境以外的洁净气源供佩戴者呼吸，能使佩戴者呼吸器官与作业环境隔绝。常见的隔绝式呼吸防护用品有长管呼吸器、正压式空气呼吸器和隔绝式紧急逃生呼吸器。

①长管呼吸器。长管呼吸器主要分为自吸式、连续送风式和高压送风式 3 种：自吸式长管呼吸器依靠佩戴者自主呼吸，克服过滤元件阻力，将清洁的空气吸进面罩内；连续送风式长管呼吸器通过风机或空压机供气为佩戴者输送洁净空气；高压送风式长管呼吸器通过压缩空气或高压气瓶供气为佩戴者提供洁净空气。自吸式长管呼吸器使用时可能存在面罩内气压小于外界气压的情况，外部有毒有害气体有进入面罩内的可能，因此有限空间作业时不能使用自吸式长管呼吸器，而应选用符合《呼吸防护　长管呼吸器》（GB 6220—2009）的连续送风式或高压送风式长管呼吸器。

②正压式空气呼吸器。正压式空气呼吸器是使用者自带压缩空气源的一种正压式隔绝式呼吸防护用品。正压式空气呼吸器使用时间受气瓶气压和使用者呼吸量等因素影响，一般供气时间为 40 分钟左右，主要用于应急救援或在危险性较高的作业环境内短时间作业使用，但不能在水下使用。正压式空气呼吸器应符合《自给开路式压缩空气呼吸器》（GB/T 16556—2007）的规定。

③隔绝式紧急逃生呼吸器。隔绝式紧急逃生呼吸器是在出现意外情况时，帮助作业人员自主逃生使用的隔绝式呼吸防护用品，

一般供气时间为 15 分钟左右。

2）过滤式呼吸防护用品。过滤式呼吸防护用品能把使用者从作业环境吸入的气体通过净化部件的吸附、吸收、催化或过滤等作用，去除其中有害物质后作为气源供使用者呼吸。常见的过滤式呼吸防护用品有防尘口罩和防毒面具等。在选用过滤式呼吸防护用品时应充分考虑其局限性，主要有：①过滤式呼吸防护用品不能在缺氧环境中使用；②现有的过滤元件不能防护全部有毒有害物质；③过滤元件容量有限，防护时间会随有毒有害物质浓度的升高而缩短，有毒有害物质浓度过高时甚至可能瞬时穿透过滤元件。鉴于过滤式呼吸防护用品的局限性和有限空间作业的高风险性，作业时不宜使用过滤式呼吸防护用品，若使用必须进行严格论证，充分考虑有限空间作业环境中有毒有害气体种类和浓度范围，确保所选用的过滤式呼吸防护用品与作业环境中有毒有害气体相匹配，防护能力满足作业安全要求，并在使用过程中加强监护，确保使用人员的安全。

呼吸防护用品使用后应根据产品说明书定期清洗和消毒，不用时应存放于清洁、干燥、无油污、无阳光直射和无腐蚀性气体的地方。

（3）坠落防护用品

有限空间作业常用的坠落防护用品主要包括全身式安全带、速差自控器、安全绳以及三脚架等。

1）全身式安全带。全身式安全带可在坠落者坠落时保持其正常体位，防止坠落者从安全带内滑脱，还能将冲击力平均分散到整个躯干部分，减少对坠落者的身体伤害。全身式安全带应在制造商规定的期限内使用，一般不超过 5 年，应加强检验检测，及时更换；使用环境特别恶劣或者使用格外频繁的，应适当缩短全身式安全带的使用期限。

2）速差自控器。速差自控器又称速差器、防坠器等，使用时安装在挂点上，通过装有可伸缩长度的绳（带）串联在系带和挂点之间，在坠落发生时因速度变化引发制动从而对坠落者进行防护。

3）安全绳。安全绳是在安全带中连接系带与挂点的绳（带），一般与缓冲器配合使用，起到吸收冲击能量的作用。

4）三脚架。三脚架作为一种移动式挂点装置，广泛用于有限空间作业（垂直方向）中，特别是三脚架与绞盘、速差自控器、安全绳、全身式安全带等配合使用，可用于有限空间作业的坠落防护和事故应急救援。

（4）其他个体防护用品

为避免或减轻人员头部受到伤害，有限空间作业人员应佩戴安全帽。安全帽应在产品的有效期内使用。当安全帽受到较大冲击后，无论是否发现帽壳有明显的断裂纹或变形，都应停止使用立即更换。

用人单位应根据有限空间作业环境特点，按照《个体防护装备选用规范》（GB/T 11651—2008）为作业人员配备防护服、防护手套、防护眼镜、防护鞋等个体防护用品。例如，易燃易爆环境，应配备防静电服、防静电鞋；涉水作业环境，应配备防水服、防水胶鞋；有限空间作业时可能接触酸碱等腐蚀性化学品的，应配备防酸碱防护服、防护鞋、防护手套等。

相关链接

《工贸企业有限空间作业安全管理与监督暂行规定》第十八条规定，工贸企业应当根据有限空间存在危险有害因素的种类和危害程度，为作业人员提供符合国家标准或者行业标准规定的劳动防护用品，并教育监督作业人员正确佩戴与使用。

37. 有限空间作业常用安全器具有哪些？

（1）通风设备

移动式风机是对有限空间进行强制通风的设备，通常有送风和排风两种通风方式。使用时应注意：

1）移动式风机应与风管配合使用；

2）使用前应检查风管有无破损、风机叶片是否完好、电线有无裸露、插头有无松动、风机能否正常运转。

（2）照明设备

当有限空间内照度不足时，应使用照明设备。有限空间作业常用的照明设备有头灯、手电等，使用前应检查照明设备的电池电量，保证作业过程中能够正常使用。有限空间内使用照明灯具电压应不大于24伏，在积水、结露等潮湿环境的有限空间和金属容器中作业，照明灯具电压应不大于12伏。

（3）通信设备

当作业现场无法通过目视、喊话等方式进行沟通时，应使用对讲机等通信设备，便于现场作业人员之间的沟通。

（4）围挡设备和警示设施

有限空间作业过程中常用的围挡设备包括路障、隔离带等；常用的警示设施包括安全警示标识或安全告知牌，如“注意安全”“禁止入内”等其他安全事项告知牌。

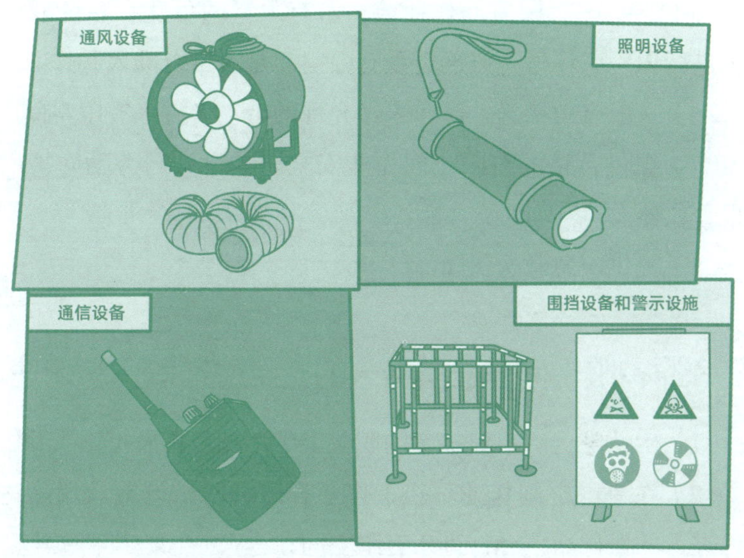

38. 有限空间作业用人单位的安全生产职责有哪些？

（1）按照《密闭空间作业职业危害防护规范》（GBZ/T 205—2007）组织、实施有限空间作业。制订有限空间作业职业病危害防护控制计划、有限空间作业准入程序和安全作业规程，并保证相关人员能随时得到计划、程序和规程。

（2）确定并明确有限空间作业负责人、准入者和监护者及其职责。

（3）在有限空间外设置安全警示标识，告知有限空间的位置和所存在的危害。

（4）提供有关的职业安全卫生培训。

（5）当实施有限空间作业前，对有限空间可能存在的职业病危害进行识别、评估，以确定该有限空间是否可以准入并作业。

（6）采取有效措施，防止未经允许的劳动者进入有限空间。

（7）提供合格的有限空间作业安全防护设施与劳动防护用品及报警仪器。

（8）提供应急救援保障。

39. 有限空间作业负责人的安全生产职责有哪些？

（1）确认准入者、监护者的职业卫生培训合格及上岗资格；

（2）在有限空间作业环境、作业程序和防护设施及用品达到允许进入的条件后，允许进入有限空间；

（3）在有限空间及其附近发生不符合准入的情况时，终止准入；

（4）有限空间作业完成后，在确定准入者及所携带的设备和物品均已撤离后终止准入；

（5）对应急救援服务、呼叫方法的效果进行检查、验证；

（6）对未经准入又试图进入或已进入有限空间者进行劝阻或责令退出。

40. 有限空间作业准入者的安全生产职责有哪些?

（1）接受职业卫生培训，持证上岗。

（2）进入经用人单位审核批准的有限空间实施作业。

（3）遵守有限空间作业安全操作规程，正确使用有限空间作业安全设施与劳动防护用品。

（4）应与监护者进行必要的、有效的安全、报警、撤离等双向信息交流。

（5）在准入的有限空间作业且发生下列事项时，应及时向监护者报警或撤离有限空间：

1）已经意识到身体出现危险症状和体征；

2）监护者和作业负责人下达了撤离命令；

3）探测到必须撤离的情况或报警器发出撤离警报。

41. 有限空间作业监护者的安全生产职责有哪些?

（1）具有能警觉并判断准入者异常行为的能力，接受职业卫生培训，持证上岗。

（2）准确掌握准入者的数量和身份。

（3）在准入者作业期间，履行监测和保护职责，保证在有限空间外持续监护；适时与准入者进行必要的、有效的安全、报警、撤离等信息交流；在紧急情况时向准入者发出撤离警报。监护者在履行监测和保护职责时，不能受到其他职责的干扰。

（4）发生以下情况时，应命令准入者立即撤离有限空间，必要时，立即呼叫应急救援支持，并在有限空间外实施应急救援工作：

1）发现禁止作业的条件；

2）发现准入者出现异常行为；

3）有限空间外出现威胁准入者安全和健康的险情；

4）监护者不能安全有效地履行职责时，也应通知准入者撤离。

（5）对未经允许靠近或者试图进入有限空间者予以警告并劝离，如果发现未经允许进入有限空间者，应及时通知准入者和作业负责人。

42. 有限空间作业安全生产相关法律责任有哪些?

《工贸企业有限空间作业安全管理与监督暂行规定》对涉及有限空间作业的安全生产法律责任作了如下规定：

（1）工贸企业有下列行为之一的，由县级以上安全生产监督管理部门责令限期改正，可以处 5 万元以下的罚款；逾期未改正的，处 5 万元以上 20 万元以下的罚款，其直接负责的主管人员和其他直接责任人员处 1 万元以上 2 万元以下的罚款；情节严重的，责令停产停业整顿：

1）未在有限空间作业场所设置明显的安全警示标识的；

2）未按照规定为作业人员提供符合国家标准或者行业标准的劳动防护用品的。

（2）工贸企业有下列情形之一的，由县级以上安全生产监督管理部门责令限期改正，可以处 5 万元以下的罚款；逾期未改正的，责令停产停业整顿，并处 5 万元以上 10 万元以下的罚款，对其直接负责的主管人员和其他直接责任人员处 1 万元以上 2 万元以下的罚款：

1）未按照规定对有限空间的现场负责人、监护人员、作业人员和应急救援人员进行安全培训的；

2）未按照规定对有限空间作业制定应急预案，或者定期进行演练的。

（3）工贸企业有下列情形之一的，由县级以上安全生产监督管理部门责令限期改正，可以处 3 万元以下的罚款，对其直接负责的主管人员和其他直接责任人员处 1 万元以下的罚款：

1）未按照规定对有限空间作业进行辨识、提出防范措施、建立有限空间管理台账的；

2）未按照规定对有限空间作业制定作业方案或者方案未经审批擅自作业的；

3）有限空间作业未按照规定进行危险有害因素检测或者监测，并实行专人监护作业的。

第4章 有限空间作业风险辨识与防护

43. 有限空间作业的危险特性有哪些?

（1）作业环境情况复杂

1）有限空间狭小、通风不畅，不利于气体扩散：

①在有限空间内生产、储存、使用危险化学品或因生化反应（蛋白质腐败）、呼吸作用等产生的有毒有害气体，积聚一段时间后，会形成较高浓度的有毒有害气体。

②有些有毒有害气体是无味的，易使作业人员放松警惕，从而引发中毒、窒息事故。

③有些有毒有害气体浓度高时对神经有麻痹作用（如硫化氢），使作业人员无法嗅到有毒有害气体。

2）有限空间照明不足、通信不畅，给正常作业和应急救援带来困难。由于有限空间照明不足、通信不畅，在作业时一旦周围暗流渗入或突然涌入、周围建筑物发生坍塌或其他流动性固体（如泥沙等）流入、作业使用电器漏电等，都会给有限空间作业人员带来潜在的危险。

（2）危险性大，一旦发生事故易造成严重后果

有限空间作业危险性较大，如果发生事故，很容易造成人身伤亡、财产损失等严重后果。作业人员中毒、窒息往往发生在瞬间，有的有毒有害气体会使人在数分钟、甚至数秒钟内中毒死亡。

（3）容易因监护不当与盲目施救造成伤亡扩大

有限空间作业因受环境限制，导致作业人员出入困难、联系不便，不利于作业监护，当发生事故后，容易因监护不力或不及时而导致伤亡扩大。据统计，有限空间作业事故中，死亡人员中一半是救援人员，可见如果施救不当很容易造成伤亡扩大。

44. 有限空间作业气体危害辨识方法有哪些?

对于因气体中毒、缺氧窒息、燃爆风险，主要从有限空间内部存在或产生、作业时产生和外部环境影响 3 个方面进行辨识。

（1）内部存在或产生的风险

1）有限空间内是否储存、使用、残留有毒有害气体以及可能产生有毒有害气体的物质；

2）有限空间是否长期封闭、通风不良，或内部发生生物有氧呼吸等耗氧性化学反应，或存在单纯性窒息气体；

3）有限空间内是否储存、残留或产生易燃易爆气体。

（2）作业时产生的风险

1）作业时使用的物料是否会挥发或产生有毒有害、易燃易爆气体；

2）作业时是否会大量消耗氧气，或引入单纯性窒息气体；

3）作业时是否会产生明火或潜在的点火源，增加燃爆风险。

（3）外部环境影响产生的风险

与有限空间相连或接近的管道内是否有单纯性窒息气体、有毒有害气体、易燃易爆气体会扩散、泄漏到有限空间内，产生缺氧、中毒、燃爆等风险。

对于中毒、缺氧和气体燃爆风险，使用气体检测报警仪进行针对性的检测是最直接有效的方法。检测后，各类气体浓度评判标准如下：

1）有毒有害气体浓度应低于《工作场所有害因素职业接触限值　第 1 部分：化学有害因素》（GBZ 2.1—2019）规定的最高容许

浓度或短时间接触容许浓度。无上述两种浓度值的，应低于时间加权平均容许浓度。

2）氧气含量（体积分数）应为19.5%~23.5%。

3）可燃性气体浓度应低于爆炸下限的10%。

45. 有限空间作业其他安全风险辨识方法有哪些？

（1）对淹溺风险，应重点考虑有限空间内是否存在较深的积水，作业期间是否可能遇到强降雨等极端天气导致水位上涨。

（2）对高处坠落风险，应重点考虑有限空间深度是否超过2米，是否在其内进行高于基准面2米的作业。

（3）对触电风险，应重点考虑有限空间内使用的电气设备、电源线路是否存在老化破损。

（4）对物体打击风险，应重点考虑有限空间作业是否需要进行工具、物料传送。

（5）对机械伤害，应重点考虑有限空间内的机械设备是否可能意外启动或防护措施失效。

（6）对灼烫风险，应重点考虑有限空间内是否有高温物体或酸碱类化学品、放射性物质等。

（7）对坍塌风险，应重点考虑处于在建状态的有限空间边坡、护坡、支护设施是否出现松动，或有限空间周边是否有严重影响其结构安全的建（构）筑物等。

（8）对掩埋风险，应重点考虑有限空间内是否存在谷物、泥沙等可流动固体。

（9）对高温高湿风险，应重点考虑有限空间内是否温度过高、湿度过大等。

46. 有限空间作业常见安全风险辨识有哪些？

常见有限空间作业主要安全风险辨识示例见表 4–1。

表 4–1　常见有限空间作业主要安全风险辨识示例

有限空间种类	有限空间	作业可能存在的主要安全风险
地下有限空间	废井、地坑、地窖、通信井	缺氧、高处坠落
	电力工作井（隧道）	缺氧、高处坠落、触电
	热力井（小室）	缺氧、高处坠落、高温高湿、灼烫
	污水井、污水处理池、沼气池、化粪池、下水道	硫化氢中毒、缺氧、可燃性气体爆炸、高处坠落、淹溺
	燃气井（小室）	缺氧、可燃性气体爆炸、高处坠落
	深基坑	缺氧、高处坠落、坍塌
地上有限空间	酒糟池、发酵池、纸浆池	硫化氢中毒、缺氧、高处坠落
	腌渍池	硫化氢中毒、氰化氢中毒、缺氧、高处坠落、淹溺
	粮仓	缺氧、磷化氢中毒、可燃性粉尘爆炸、高处坠落、掩埋

续表

有限空间种类	有限空间	作业可能存在的主要安全风险
密闭设备	窑炉、炉膛、锅炉、烟道、煤气管道及设备	缺氧、一氧化碳中毒、可燃性气体爆炸
	储罐、反应釜（塔）	缺氧、中毒、可燃性气体爆炸、高处坠落

47. 有限空间作业中毒风险因素有哪些?

引发有限空间作业中毒风险的典型物质有硫化氢、一氧化碳、苯和苯系物、氰化氢、磷化氢等。

（1）硫化氢

硫化氢是一种无色、剧毒气体，比空气密度大，易积聚在低洼处。硫化氢易燃，与空气混合能形成爆炸性混合气体，遇明火、高热等点火源会发生燃烧或爆炸。硫化氢易存在于污水管道、污水池、炼油池、纸浆池、发酵池、酱腌菜池、化粪池等富含有机物并易于发酵的场所。低浓度的硫化氢有明显的臭鸡蛋气味，可被人敏感地发觉；浓度增高时，人会产生嗅觉疲劳或嗅神经麻痹而不能觉察硫化氢的存在；当浓度超过 1 000 毫克 / 立方米时，数秒内即可致人闪电型死亡。

（2）一氧化碳

一氧化碳是一种无色无味的气体，密度与空气相当。一氧化碳与血红蛋白的亲和力比氧与血红蛋白的亲和力高 200~300 倍，因此极易与血红蛋白结合，形成碳氧血红蛋白，使血红蛋白丧失携氧的能力和作用，造成组织窒息，甚至导致人员死亡。一氧化碳易燃，与空气混合能形成爆炸性混合气体，遇明火、高热等点火源会发生燃烧爆炸。含碳燃料的不完全燃烧和焊接作业是一氧化碳的主要来源。

（3）苯和苯系物

苯、甲苯、二甲苯都是无色透明、有芬芳气味、易挥发、易燃的有机溶剂，其蒸气与空气混合能形成爆炸性混合物。苯可引起各类型白血病，国际癌症研究中心已确认苯为人类致癌物。甲苯、二甲苯蒸气也均具有一定毒性，对黏膜有刺激性作用，对中枢神经系统有麻痹作用。短时间内吸入较高浓度的苯、甲苯和二甲苯，人体会出现头晕、头痛、恶心、呕吐、胸闷、四肢无力、步态蹒跚和意识模糊，严重者会出现烦躁、抽搐、昏迷症状。苯、甲苯和二甲苯通常作为油漆、黏结剂的稀释剂，在有限空间内进行涂装、除锈和防腐等作业时，易挥发和积聚该类物质。

（4）氰化氢

氰化氢在常温下是一种无色、有苦杏仁味的液体，易在空气中挥发、弥散（沸点为 25.6 ℃），剧毒且具有爆炸性。氰化氢轻度中毒主要表现为胸闷、心悸、心率加快、头痛、恶心、呕吐、视线模糊；重度中毒主要表现为深昏迷状态，呼吸浅快，阵发性抽搐，甚至强直性痉挛。酱腌菜池中可能产生氰化氢。

（5）磷化氢

磷化氢是一种有类似大蒜气味的无色气体，剧毒且极易燃。磷化氢主要损害人体神经系统、呼吸系统及心脏、肾脏、肝脏。在微生物作用下，污水处理池等有限空间可能产生磷化氢，此外磷化氢还常作为熏蒸剂用于粮食存储以及饲料和烟草的储藏等。

48. 有限空间作业缺氧风险因素有哪些?

引发有限空间作业缺氧风险的典型物质有二氧化碳、甲烷、氮气、氩气等。

（1）二氧化碳

二氧化碳是引发有限空间环境缺氧最常见的物质。其来源主要为空气中本身存在的二氧化碳，以及在生产过程中作为原料使用以及有机物分解、发酵等产生的二氧化碳。当二氧化碳含量超过一定浓度时，人的呼吸会受影响。吸入高浓度二氧化碳时，几秒内人会迅速昏迷晕倒，更严重者会出现呼吸、心跳停止及休克，甚至死亡。

（2）甲烷

甲烷是天然气和沼气的主要成分，既是易燃易爆气体，也是一种单纯性窒息气体。甲烷的来源主要为有机物分解和天然气管道泄漏，其爆炸极限为 5.0%~15.0%。当空气中甲烷浓度达 25%~30% 时，可引起头痛、头晕、乏力、注意力不集中、呼吸和心跳加速等，若不及时远离，可致人窒息死亡。甲烷燃烧产物为一氧化碳和二氧化碳，也可引起人中毒或缺氧。

（3）氮气

氮气是空气的主要成分，其化学性质不活泼，常用作保护气防止物体暴露于空气中被氧化，或用作工业上的清洗剂置换设备中的有毒有害气体等。常压下氮气无毒，当作业环境中氮气浓度增高，可引起单纯性缺氧窒息。吸入高浓度氮气，人会迅速昏迷，甚至会因呼吸和心跳停止而死亡。

（4）氩气

氩气是一种无色无味的稀有气体，作为保护气被广泛用于工业生产领域，通常用于焊接过程中防止焊接件被空气氧化或氮化。常压下氩气无毒，当作业环境中氩气浓度增高，会引发人单纯性缺氧窒息。氩气含量达到 75% 以上时可在数分钟内致人窒息死亡。液态氩可致皮肤冻伤，眼部接触可引起炎症。

49. 有限空间作业燃爆和其他安全风险因素有哪些？

有限空间作业中常见的易燃易爆物质有甲烷、氢气等可燃性气体以及铝粉、玉米淀粉、煤粉等可燃性粉尘。

其他安全风险因素主要有以下 9 类：

（1）淹溺

作业过程中突然涌入大量液体，以及作业人员因发生中毒、窒息、受伤或不慎跌入液体中，都可能造成作业人员淹溺。发生淹溺后人体常见的表现有：面部和全身青紫、烦躁不安、抽筋、呼吸困难、吐带血的泡沫痰、昏迷、意识丧失、呼吸心跳停止。

（2）高处坠落

许多有限空间进出口距底部超过2米，一旦作业人员未佩戴有效坠落防护用品，在进出有限空间或作业时则有发生高处坠落的风险。高处坠落可能使人员四肢、躯干、腰椎等部位受冲击而重伤致残，或是因脑部或内脏损伤而致死。

（3）触电

有限空间作业过程中使用电钻、电焊等设备存在触电的危险。当通过人体的电流超过一定值（感知电流）时，人就会痉挛，不能自主脱离带电体；当通过人体的电流超过50毫安，人会因呼吸和心脏停止而死亡。

（4）物体打击

有限空间外部或上方物体掉入有限空间内，以及有限空间内部物体掉落，均可能对作业人员造成人身伤害。

（5）机械伤害

有限空间作业过程中可能涉及机械运行，如未实施有效关停，作业人员可能因机械的意外启动而遭受伤害，造成外伤性骨折、出血、休克、昏迷，严重的会直接导致死亡。

（6）灼烫

有限空间内存在的燃烧体、高温物体、化学品（酸、碱及酸碱性物质等）、强光、放射性物质等因素可能造成作业人员烧伤、烫伤和灼伤。

（7）坍塌

有限空间在外力或重力作用下，可能会因超过自身强度极限或因结构稳定性破坏而发生坍塌事故。作业人员被坍塌的结构体掩埋后，会因压迫而伤亡。

（8）掩埋

当作业人员进入粮仓、料仓等有限空间后，可能因作业人员体重或所携带工具重量导致物料流动而掩埋作业人员，或者作业人员进入时未有效隔离，导致物料的意外注入而将作业人员掩埋。作业人员被物料掩埋后，会因呼吸系统阻塞而窒息死亡，或因压迫、碾压而死亡。

（9）高温高湿

作业人员长时间在温度过高、湿度很大的环境中作业，人体机能很可能会严重下降。高温高湿环境可使作业人员感到热、渴、烦躁、头晕、心慌、无力、疲倦等不适感，甚至导致作业人员发生热衰竭、失去知觉或死亡。

50. 有限空间作业审批阶段风险防控措施有哪些?

（1）制定作业方案

作业前应对作业环境进行安全风险辨识，分析存在的危险有害因素，提出消除、控制危害的措施，并编制详细的作业方案。作业方案应经本单位相关人员审核和批准。

（2）明确人员职责

根据有限空间作业方案，确定作业现场负责人、监护人员、作业人员，并明确其安全职责。根据工作实际，作业现场负责人和监护人员可以为同一人。相关人员主要安全职责见表 4–2。

表 4–2　作业现场负责人、监护人员、作业人员主要安全职责

人员类别	主要安全职责
作业现场负责人	1. 填写有限空间作业审批材料，办理作业审批手续； 2. 对全体人员进行安全交底； 3. 确认作业人员上岗资格、身体状况符合要求； 4. 掌控作业现场情况，作业环境和安全防护措施符合要求后许可作业，当有限空间作业条件发生变化且不符合安全要求时，终止作业； 5. 发生有限空间作业事故，及时报告，并按要求组织现场处置
监护人员	1. 接受安全交底； 2. 检查安全措施的落实情况，发现落实不到位或措施不完善时，有权下达暂停或终止作业的指令； 3. 持续对有限空间作业进行监护，确保和作业人员进行有效的信息沟通； 4. 出现异常情况时，发出撤离警告，并协助作业人员撤离有限空间； 5. 警告并劝离未经许可试图进入有限空间作业区域的人员
作业人员	1. 接受安全交底； 2. 遵守安全操作规程，正确使用有限空间作业安全防护设备与劳动防护用品； 3. 服从作业现场负责人安全管理，接受现场安全监督，配合监护人员的指令，作业过程中与监护人员定期进行沟通； 4. 出现异常时立即中断作业，撤离有限空间

（3）作业审批

应严格执行有限空间作业审批制度。审批内容应包括但不限于是否制定作业方案、是否配备经过专项安全培训的人员、是否配备满足作业安全需要的设备设施等。审批负责人应在审批单（示例参见表 4–3）上签字确认，未经审批不得擅自开展有限空间作业。

表 4–3　　有限空间作业审批单示例

人员类别		有限空间名称	
作业单位			
作业内容		作业时间	
可能存在的危险有害因素			
作业现场负责人		监护人员	
作业人员		其他作业人员	
主要安全防护措施	1. 制定有限空间作业方案并经审核批准。□ 2. 参加本次作业人员经过有限空间作业安全相关培训，并考核合格。□ 3. 地下有限空间作业，监护人员持有效的特种作业操作证。□ 4. 安全防护设备、劳动防护用品、作业设备和工具的齐备及安全有效，满足要求。□ 5. 应急救援装备满足要求。□		
作业现场负责人意见	作业现场负责人确认以上安全防护措施是否符合要求： 是□　　否□ 作业现场负责人（签字）： 年　月　日		
审批责任人意见	审批责任人是否批准作业： 批准□　　不批准□ 审批责任人（签字）： 年　月　日		

相关链接

《工贸企业有限空间作业安全管理与监督暂行规定》明确要求：

（1）工贸企业实施有限空间作业前，应当对作业环境进行评估，分析存在的危险有害因素，提出消除、控制危害的措施，制定有限空间作业方案，并经本企业安全生产管理人员审核，负责人批准。

（2）工贸企业应当按照有限空间作业方案，明确作业现场负责人、监护人员、作业人员及其安全职责。

51. 有限空间作业准备阶段风险防控措施有哪些？

（1）安全交底

作业现场负责人应对实施作业的全体人员进行安全交底，告知作业内容、作业过程中可能存在的安全风险、作业安全要求和应急处置措施等。交底后，交底人与被交底人双方应签字确认。

（2）设备检查

作业前应对安全防护设备、劳动防护用品、应急救援装备、作业设备和用具的齐备性和安全性进行检查，发现问题应立即修复或更换。当有限空间可能为易燃易爆环境时，设备和用具应符合防爆安全要求。

（3）封闭作业区域及安全警示

应在作业现场设置围挡，封闭作业区域，并在进出口周边显著位置设置安全警示标识或安全告知牌。

占道作业的，应在作业区域周边设置交通安全设施。夜间作业的，作业区域周边显著位置应设置警示灯，相关人员应穿着高可视警示服。

（4）打开进出口

进入有限空间作业前，作业人员应站在有限空间外上风侧，打开进出口进行自然通风。对于可能存在爆炸危险的有限空间，开启时应采取防爆措施；若受进出口周边区域限制，作业人员开启时可能会接触到有限空间内涌出的有毒有害气体的，应佩戴相应的呼吸防护用品。

（5）安全隔离

存在可能危及有限空间作业安全的设备设施、物料及能源时，应采取封闭、封堵、切断能源等可靠的隔离（隔断）措施，并上锁挂牌或设专人看管，防止无关人员意外开启或移除隔离设施。

（6）清除置换

有限空间内盛装或残留的物料对作业存在危害时，应在作业前对物料进行清洗、清空或置换。

（7）初始气体检测

作业前应在有限空间外上风侧，使用泵吸式气体检测报警仪对有限空间内气体进行检测。有限空间内存在积水、积泥或物料残渣时，应先在有限空间外利用工具进行充分搅动，使有毒有害气体充分释放，然后再进入有限空间进行清除工作。检测应从出入口开始，沿作业人员进入有限空间的方向进行。垂直方向的检测由上至下，至少进行上、中、下三点检测；水平方向的检测由近至远，至少进行进出口近端点和远端点两点检测。

作业前应根据有限空间内可能存在的气体种类进行有针对性的检测，氧气、可燃性气体、硫化氢和一氧化碳的浓度是必检项目。当有限空间内气体环境复杂，作业单位不具备检测能力时，应委托具有相应检测能力的单位进行检测。

检测人员应当记录检测的时间、地点、气体种类、浓度等信息，并在检测记录表上签字。

有限空间内气体浓度检测合格后方可作业。

（8）强制通风

经检测，有限空间内气体浓度不合格的，必须对有限空间进行强制通风。强制通风时应注意：

1）作业环境存在爆炸危险的，应使用防爆型通风设备。

2）应向有限空间内输送清洁空气，禁止使用纯氧通风。

3）有限空间仅有 1 个进出口时，应将通风设备出风口置于作业区域底部进行送风；有限空间有 2 个或 2 个以上进出口、通风口时，应在临近作业人员处进行送风，远离作业人员处进行排风，且出风口应远离有限空间进出口，防止有毒有害气体循环进入有限空间。

4）有限空间设置固定机械通风系统的，应全程运行。

（9）再次检测

对有限空间进行强制通风一段时间后，应再次进行气体检测。检测结果合格后方可作业；检测结果不合格的，必须继续进行通风，并分析可能造成气体浓度不合格的原因，采取更具针对性的防控措施。

（10）人员防护

气体检测结果合格后，作业人员在进入有限空间前还应根据作业环境选择并佩戴符合要求的劳动防护用品与安全防护设备，主要有安全帽、全身式安全带、安全绳、呼吸防护用品、便携式气体检测报警仪、照明灯和对讲机等。

相关链接

《工贸企业有限空间作业安全管理与监督暂行规定》明确规定：

（1）工贸企业实施有限空间作业前，应当将有限空间作业方案和作业现场可能存在的危险有害因素、防控措施告知作业人员。现场负责人应当监督作业人员按照方案进行作业准备。

（2）工贸企业应当采取可靠的隔断（隔离）措施，将可能危及作业安全的设施设备、存在有毒有害物质的空间与作业地点隔开。

（3）有限空间作业应当严格遵守“先通风、再检测、后作业”的原则。检测指标包括氧浓度、易燃易爆物质（可燃性气体、爆炸性粉尘）浓度、有毒有害气体浓度。检测应当符合相关国家标准或者行业标准的规定。

未经通风和检测合格，任何人员不得进入有限空间作业。检测的时间不得早于作业开始前30分钟。

（4）检测人员进行检测时，应当记录检测的时间、地点、气体种类、浓度等信息。检测记录经检测人员签字后存档。

检测人员应当采取相应的安全防护措施，防止中毒窒息等事故发生。

（5）有限空间内盛装或者残留的物料对作业存在危害时，作业人员应当在作业前对物料进行清洗、清空或者置换。经检测，有限空间的危险有害因素符合《工作场所有害因素职业接触限值 第1部分：化学有害因素》（GBZ 2.1）的要求后，方可进入有限空间作业。

（6）在有限空间作业过程中，工贸企业应当采取通风措施，保持空气流通，禁止采用纯氧通风换气。

发现通风设备停止运转、有限空间内氧含量浓度低于或者有毒有害气体浓度高于国家标准或者行业标准规定的限值时，工贸企业必须立即停止有限空间作业，清点作业人员，撤离作业现场。

（7）在有限空间作业过程中，工贸企业应当对作业场所中的危险有害因素进行定时检测或者连续监测。

作业中断超过 30 分钟，作业人员再次进入有限空间作业前，应当重新通风、检测合格后方可进入。

52. 有限空间安全作业阶段风险防控措施有哪些?

在确认作业环境、作业程序、安全防护设备和劳动防护用品等符合要求后，作业现场负责人方可许可作业人员进入有限空间作业。

（1）注意事项

1）作业人员使用踏步、安全梯进入有限空间的，作业前应检查其牢固性和安全性，确保进出安全。

2）作业人员应严格执行作业方案，正确使用安全防护设备和劳动防护用品，作业过程中与监护人员保持有效的信息沟通。

3）传递物料时应稳妥、可靠，防止滑脱；起吊物料所用绳索、吊桶等必须牢固、可靠，避免吊物时突然损坏、物料掉落。

4）应通过轮换作业等方式合理安排工作时间，避免作业人员长时间在有限空间内工作。

（2）实时监测与持续通风

作业过程中，应采取适当的方式对有限空间作业面进行实时监测。监测方式有两种：一种是监护人员在有限空间外使用泵吸式气体检测报警仪对作业面进行监护检测；另一种是作业人员自行佩戴便携式气体检测报警仪对作业面进行个体检测。

除实时监测外，作业过程中还应持续进行通风。当有限空间内进行涂装作业、防水作业、防腐作业以及焊接等动火作业时，应持续进行机械通风。

（3）作业监护

监护人员应在有限空间外全程持续监护，不得擅离职守，并做好以下两方面工作：

1）跟踪作业人员的作业过程，与其保持信息沟通。发现有限空间气体环境发生不良变化、安全防护措施失效和其他异常情况时，应立即向作业人员发出撤离警报，并采取措施协助作业人员撤离。

2）防止未经许可的人员进入作业区域。

（4）发生异常情况时紧急撤离有限空间

作业期间发生下列情况之一时，作业人员应立即中断作业，撤离有限空间：

1）作业人员出现身体不适；

2）安全防护设备或劳动防护用品失效；

3）气体检测报警仪报警；

4）监护人员或作业现场负责人下达撤离命令；

5）其他可能危及安全的情况。

53. 有限空间作业完成阶段风险防控措施有哪些？

有限空间作业完成后，作业人员应将全部设备和工具带离有限空间，清点人员和设备，确保有限空间内无人员和设备遗留后关闭进出口，解除本次作业前采取的隔离、封闭措施，恢复现场环境，安全撤离作业现场。

有限空间作业安全风险防控确认表示例见表 4–4。

表 4–4　　有限空间作业安全风险防控确认表示例

序号	确认内容	确认结果	确认人
1	是否制定作业方案，作业方案是否经本单位相关人员审核和批准		
2	是否明确作业现场负责人、监护人员和作业人员及其安全职责		
3	作业现场是否有作业审批表，审批项目是否齐全，是否经审批负责人签字同意		

续表

序号	确认内容	确认结果	确认人
4	作业安全防护设备、劳动防护用品和应急救援装备是否齐全、有效		
5	作业前是否进行安全交底，交底内容是否全面，交底人员及被交底人员是否签字确认		
6	作业现场是否设置围挡设施，是否设置符合要求的安全警示标识或安全告知牌		
7	是否安全开启进出口，进行自然通风		
8	作业前是否根据环境危害情况采取隔离、清除、置换等合理的工程控制措施		
9	作业前是否使用泵吸式气体检测报警仪对有限空间进行气体检测，检测结果是否符合作业安全要求		
10	气体检测不合格的，是否采取强制通风		
11	强制通风后是否再次进行气体检测，进入有限空间作业前，气体浓度是否符合安全要求		
12	作业人员是否正确佩戴劳动防护用品和使用安全防护设备		
13	作业人员是否经作业现场负责人许可后进入作业		
14	作业期间是否实时监测作业面气体浓度		
15	作业期间是否持续进行强制通风		
16	作业期间，监护人员是否全程监护		
17	出现异常情况是否及时采取妥善的应对措施		
18	作业结束后是否恢复现场并安全撤离		

相关链接

《工贸企业有限空间作业安全管理与监督暂行规定》第二十条规定，有限空间作业结束后，作业现场负责人、监护人员应当对作业现场进行清理，撤离作业人员。

第5章 有限空间作业安全操作规程

54. 有限空间作业“十必须”是什么？

（1）必须办理安全许可审批手续；

（2）必须采取可靠隔断（隔离）和置换措施；

（3）必须执行先通风、再检测、后作业的原则；

（4）必须保持通风设施的正常连续运转；

（5）必须佩戴气体监测仪、安全帽、呼吸防护用品、通风设备等安全防护用具；

（6）必须配备通信联络工具，设置安全监护人员并保持联系；

（7）必须按照作业标准和单项安全技术措施作业；

（8）高处作业的有限空间必须设置逃生和应急救援通道；

（9）必须保持出入口畅通；

（10）发生异常情况必须立即撤离。

55. 有限空间作业“十不准”是什么？

（1）未经批准不准私自进入有限空间作业；

（2）作业方案未经安全可靠性论证和审批不准作业；

（3）涉及气体和缺氧环境的有限空间未采取通风和连续监测措施不准作业；

（4）未对作业人员履行危险有害因素告知手续不准作业；

（5）未经专人对现场安全措施进行确认不准作业；

（6）安全监护人员不在现场不准作业；

（7）未经过专项培训且合格的人员不准作业；

（8）未彻底清理残留物不准作业；

（9）应急救援措施和装备准备不到位不准作业；

（10）作业人员、工器具清点不清不准封闭出入口。

56. 有限空间作业基本安全操作规定有哪些？

（1）严格实行作业审批制度，严禁擅自进入有限空间作业；

（2）严格实行“先通风、再检测、后作业”，严禁进入通风、检测不合格的有限空间作业；

（3）作业前必须配备个人防中毒、窒息等防护装备，设置安全警示标识，严禁无防护监护措施作业；

（4）作业人员必须为参加过有限空间作业安全培训且考试合格者，严禁教育和培训不合格者上岗作业；

（5）作业现场必须配备应急装备，制定应急措施，一旦发生事故，严禁盲目施救；

（6）有限空间作业审批许可证的办理应遵守用人单位的相关规定。

57. 有限空间作业基本安全条件有哪些?

（1）配备符合要求的通风设备、劳动防护用品、检测设备、照明设备、通信设备、应急救援装备。

（2）应用具有报警装置并经检定合格的检测设备对准入的有限空间进行检测评价，检测、采样方法按相关规范执行。检测顺序及项目应包括：

1）测氧含量。正常时氧含量为18%~22%，缺氧的有限空间应符合《缺氧危险作业安全规程》（GB 8958—2006）的规定，短时间作业时必须采取机械通风。

2）测爆。有限空间空气中可燃性气体浓度应低于爆炸下限的10%。对油轮船舶的拆修以及油箱、油罐的检修，空气中可燃性气体的浓度应低于爆炸下限的1%。

3）测有毒有害气体。有毒有害气体的浓度，须低于《工作场所有害因素职业接触限值　第1部分：化学有害因素》（GBZ 2.1—2019）所规定的要求，如果高于此要求应采取机械通风措施和劳动防护措施。

（3）当有限空间内存在可燃性气体和粉尘时，所使用的器具应达到防爆的要求。

（4）当有毒有害物质浓度大于立即威胁生命和健康浓度（IDLH）、或虽经通风但有毒有害气体浓度仍高于《工作场所有害因素职业接触限值　第1部分：化学有害因素》（GBZ 2.1—2019）所规定的要求，或缺氧时，应当按照《呼吸防护用品的选择、使用与维护》（GB/T 18664—2002）要求选择和佩戴呼吸性防护用品。

（5）所有准入者、监护人员、作业现场负责人、应急救援服务人员须经培训考试合格。

相关链接

《工贸企业有限空间作业安全管理与监督暂行规定》第十九条规定，工贸企业有限空间作业还应当符合下列要求：

（1）保持有限空间出入口畅通；

（2）设置明显的安全警示标识和警示说明；

（3）作业前清点作业人员和工器具；

（4）作业人员与外部有可靠的通信联络；

（5）监护人员不得离开作业现场，并与作业人员保持联系；

（6）存在交叉作业时，采取避免互相伤害的措施。

58. 有限空间作业基本安全注意事项有哪些？

（1）隔离有限空间

1）封闭危害性气体或蒸气可能回流进入有限空间的其他开口；

2）采取有效措施防止有毒有害气体、尘埃或泥土、水等其他自由流动的液体和固体涌入有限空间；

3）将有限空间与一切不必要的热源隔离；

4）进入有限空间作业前，应采取水蒸气清洁、惰性气体清洗和强制通风等措施，对有限空间进行充分清洗，以消除或者减少存于有限空间内的职业病危害因素。

（2）水蒸气清洁

1）适于有限空间内挥发性物质的清洁。

2）清洁时，应保证有足够的时间彻底清除有限空间内的有毒有害物质。

3）清洁期间，为防止有限空间内产生危险气压，应给水蒸气和凝结物提供足够的排放口。

4）清洁后，应进行充分通风，防止有限空间因散热和凝结而导致任何“真空”。在准入者进入高温有限空间前，应将该空间冷却至室温。

5）清洗完毕，应将有限空间内所有剩余液体适当排出或抽走，并及时开启进出口以便通风。

6）长时间未启用水蒸气清洁过的有限空间，启用时应重新进行水蒸气清洁。

7）对腐蚀性物质或不易挥发物质，在使用水蒸气清洁之前，应用水或其他适合的溶剂或中和剂反复冲洗，进行预处理。

（3）惰性气体清洗

1）为防止有限空间含有易燃气体或蒸发液在开启时形成有爆炸性的混合物，可用惰性气体（例如氮气或二氧化碳）清洗；

2）用惰性气体清洗有限空间后，在准入者进入或接近前，应当再用新鲜空气通风，并持续测试有限空间的氧气含量，以保证有限空间内有足够维持生命的氧气。

（4）强制通风

1）为保证足够的新鲜空气供给，应持续强制性通风；

2）通风时应考虑足够的通风量，稀释作业过程中释放出来的有毒有害物质的浓度，并满足呼吸供应；

3）强制通风时，应将通风管道伸延至有限空间底部，有效去除大于空气比重的有毒有害气体或蒸气，保持空气流通；

4）一般情况下，禁止直接向有限空间输送氧气，防止空气中氧气浓度过高发生危险；

（5）设置必要的隔离区域或屏障；

（6）保证有限空间在整个准入期内始终处于安全卫生受控状态。

59. 有限空间有毒有害气体检测的安全操作要求有哪些？

（1）凡是有可能存在缺氧、富氧、有毒有害气体、易燃易爆气体、粉尘等的有限空间，作业前均应进行气体检测，如实记录检测时间和结果。

（2）检测次序为氧含量和易燃易爆气体、有毒有害气体浓度：

1）明确有限空间内外的氧浓度是否一致，若不一致，在授权进入有限空间作业前，应确定产生偏差的原因；

2）氧浓度应保持在19.5%~23.5%；

3）一氧化碳浓度应小于25（百万分比浓度）；

4）硫化氢浓度应小于10（百万分比浓度）；

5）易燃易爆气体浓度应小于最低爆炸极限的10%。

（3）有限空间内有毒有害物质浓度不得超过国家或所在地规定的车间空气中有毒有害物质的最高允许浓度。如有不合格项，人员不得进入或立即停止作业。

（4）如作业中断，再次进入之前应重新进行气体检测。

（5）在有限空间内作业期间，气体环境可能发生变化时，应实时进行气体监测，如焊接作业、钻孔作业、清淤作业等。

（6）气体检测取样应有代表性，应特别注重人员工作区域。

（7）取样点应包括有限空间的顶端、中部和底部。

（8）取样时应停止任何气体吹扫。

（9）作业前3分钟，应再次对有限空间有毒有害物质浓度进行采样，分析合格后方可进入有限空间。

60. 有限空间通风换气的安全操作要求有哪些？

（1）有限空间内作业人员经过及开展工作的区域必须进行通风，进入期间的通风不能代替进入之前的吹扫工作。应尽量利用所有人孔、手孔、料孔、风门、烟门进行自然通风，必要时采取机械强制通风。

（2）除进行严重窒息急救等特殊情况外，严禁使用纯氧进行通风换气。

（3）有防爆、防氧化需要不能采用通风换气措施的场所或受作业环境限制不易充分通风换气的场所，作业人员必须配备隔离式呼吸保护器。

（4）操作人员所需的适宜新风量应为 30~50 立方米 / 时；进入作业时自然通风换气效果不良的有限空间，应采用机械通风，通风换气次数不得少于 3~5 次 / 时。通风换气应满足稀释有毒有害物质的需要。

（5）通风设备尽可能安装在有限空间的顶部或接近顶部的地方，以提高通风效率，避免通风中断。

（6）在有限空间内，如果进行电焊、切割、燃烧或油漆作业时，必须使用局部废气排风系统，降低作业现场产生的可燃性气体、烟雾浓度。当操作岗位不固定时，可采用移动式局部排风系

统或全面排风系统。

（7）有限空间的吸风口应设置在作业区域底部，当存在与空气密度相同或小于空气密度的污染物时，还应在作业区域顶部增设吸风口。

（8）若在有限空间内使用了局部废气排风系统，必须确保排气口要远离主要通风系统的进气口。

（9）强制通风设备应持续、有效工作，一旦设备出现异常，应立即停止作业。

61. 有限空间清洗和置换的安全操作要求有哪些?

当进入有限空间作业前，必须对其进行清洗和置换，并符合下列要求：

（1）清洗前作业人员须熟悉有限空间存在物质的理化特性和相关物料的安全技术说明书。

（2）清洗时，应先用氮气等惰性气体来置换易燃易爆或有毒有害介质，然后采用蒸汽或热水作为清洗介质。清洗时不应留有盲端，清洗顺序由高处到低处。若存在用蒸汽或者热水难以清洗的物料，应采用适当的溶剂进行清洗，优先选用无毒溶剂，然后再用蒸汽或者热水清洗。

（3）用压缩空气进行置换，应考虑到盲端的置换，并控制流速小于 2 立方米 / 分钟。

（4）置换后的氧含量应达到 19.5%~23.5%。

（5）有限空间内的有毒有害及其他危险气体浓度应低于相关规定。

62. 有限空间电气设备与照明的安全操作要求有哪些?

（1）无论任何情况下进入有限空间，必须有充足的照明。

（2）除在白天时有限空间内阳光充足外，其他时间必须为进入有限空间的人员提供非手持型照明系统。

（3）存在可燃性气体的有限空间场所内不允许使用明火照明和非防爆设备。

（4）固定照明灯具安装高度距地面 2.4 米及以下时，应使用符合有关规定的安全电压。在潮湿地面等场所使用的移动式照明灯具，其安装高度距地面 2.4 米及以下时，额定电压不得超过 36 伏。

（5）锅炉、金属容器、管道、密闭舱室等狭窄的工作场所内使用的手持行灯额定电压不应超过 12 伏。

（6）手持行灯应有绝缘手柄和金属护罩，灯泡的金属部分禁止外露。

（7）手持行灯应采用隔离变压器，安全电压应符合有关规定的要求。手持行灯的变压器禁止放在锅炉、加热器、水箱等金属容器内和特别潮湿的地方，绝缘电阻应不小于 2 兆欧，并定期检测。

（8）手持电动工具应进行定期检查，并做记录。

相关链接

《工贸企业有限空间作业安全管理与监督暂行规定》第十七条规定，有限空间作业场所的照明灯具电压应当符合《特低电压（ELV）限值》（GB/T 3805—2008）等国家标准或者行业标准的规定；作业场所存在可燃性气体、粉尘的，其电气设施设备及照明灯具的防爆安全要求应当符合《爆炸性环境 第 1 部分：设备 通用要求》（GB 3836.1—2010）等国家标准或者行业标准的规定。

63. 有限空间机械设备的安全操作要求有哪些？

（1）机械设备的运动、活动部件都应采用封闭式屏蔽，各种传动装置应设置防护装置；

（2）机械设备上的局部照明设施均应使用安全电压；

（3）机械设备上的金属构件均应有牢固可靠的 PE 线；

（4）机械设备附有的梯子、检修平台等，应符合相关标准要求。

64. 有限空间通信联络、区域警戒与消防的安全操作要求有哪些？

（1）通信联络

进入有限空间作业前，监护人员应与作业人员明确信息沟通的工具、方式和内容。如果条件允许，可采用防爆对讲机等通信工具。

（2）区域警戒与消防

1）有限空间的坑、井、洼、沟或人孔、通道出入门口应设置防护栏、盖和安全警告标识，夜间应设警示红灯。

2）为防止无关人员进入有限空间作业场所，应在有限空间外敞面醒目处，设置警戒区、警戒线、警戒标识。

3）当作业人员在与输送管道连接的封闭、半封闭设备（如油罐、反应塔、储罐、锅炉等）内部作业时，应严密关闭输送管道的阀门，装好盲板，设置有“禁止启动”等字样的安全警告标识。

4）存在易燃性因素的场所警戒区内应设置灭火器材，并保持有效状态，专职安全员和消防员应在警戒区定时巡回检查，并有检查记录。严禁火种或可燃物落入有限空间。

5）动力机械设备、工具要放在有限空间的外部，并保持安全的距离以确保排放的气体或烟雾远离潜在火源。同时应防止设备的废气或碳氢化合物烟雾影响有限空间作业。

6）焊接与切割作业时，焊接设备、焊机、切割机具、钢瓶、电缆及其他器具的放置，电弧的辐射及飞溅伤害隔离保护应符合有关规定的要求。

65. 有限空间动火作业的安全操作要求有哪些?

有限空间动火作业除满足用人单位动火作业相关规定外，还应符合下列要求：

（1）作业前制定通风方案，确定合适的排气口排放动火区域的烟气等有毒有害气体。

（2）必须提供持续、充足、清洁的通风气源。

（3）乙炔和氧气瓶必须放置在有限空间外。当由于任何原因暂停工作时，必须将供气软管与气瓶断开，并将工具带出有限空间。

（4）有限空间内应始终保持整洁有序，所有不必要的材料都必须清除。

66. 有限空间人员防护与应急救援的安全操作要求有哪些?

（1）有限空间含有易被眼睛或皮肤吸收或可被吸入肺部等的危险物质时，作业人员进入时必须穿密封式防护服。

（2）在对有限空间进行初次气体检测或检测不确定空间内有毒有害气体浓度时，进入者必须穿戴正压呼吸器或长管式呼吸器。

（3）有限空间通过清洗或置换也不能达到安全要求时，作业

人员应采取以下防护措施后方可进入作业：

1）在缺氧或有毒的有限空间作业时，作业人员应佩戴隔离式防护工具，并拴带救生绳；

2）在易燃易爆的有限空间作业时，作业人员应穿防静电服、工作鞋、使用防爆型低压灯具及不发生火花的工具；

3）在有酸碱等腐蚀性介质的有限空间作业时，作业人员应穿戴防酸碱工作服、工作鞋、手套等，同时应准备好大量的清水，并配备冲淋洗眼装置；

4）在产生噪声的有限空间作业时，作业人员应佩戴耳塞或耳罩等防噪声护具。

（4）当作业人员意识到身体出现异常症状时，应及时向监护人员报告或自行撤离，不得强行继续作业。

（5）发生事故时，应尽快查明原因，并立即采取有效、正确的措施进行急救。

（6）应急救援装备应放置在作业现场，以保证应急救援要求。

（7）急救药品应完好、有效，应急箱应指定专人管理和操作。

第6章 有限空间作业职业病危害防护

67. 什么是职业病?

当职业病危害因素作用于人体的强度和时间超过一定的限度时，人体不能代偿其所造成的功能性或器质性病理改变，从而出现相应的临床症状，影响劳动能力，这类疾病统称为职业病。也就是说无论是生产过程中、工作组织中还是生产环境中的有害因素，如果作用于人体的强度很大或时间很长时，机体内就会发生一系列的功能、代谢和形态结构的变化，打破了机体内各器官、系统之间的平衡关系以及机体与外界环境之间的平衡关系，降低了机体对外界环境适应能力，并伴随出现相应的临床症状和体征，最终使劳动者劳动能力减弱或丧失。

《中华人民共和国职业病防治法》(以下简称《职业病防治

法》）中对职业病作出了明确的定义：职业病是指企业、事业单位和个体经济组织等用人单位的劳动者在职业活动中，因接触粉尘、放射性物质和其他有毒有害因素而引起的疾病。这个定义明确了职业病的病因是可能引起从事职业活动的劳动者患职业病的各种职业病危害因素。

68. 什么是法定职业病？

实际工作中，各个国家都要根据本国的经济社会发展水平和工伤保险承受能力，将部分职业性疾病通过一定的法律程序确定下来，称为法定职业病。

法定职业病必须具备 4 个条件：

（1）病人主体仅限于企业、事业单位和个体经济组织等用人单位的劳动者；

（2）职业病必须是在从事职业活动的过程中产生的；

（3）职业病必须是因接触粉尘，化学因素，物理因素，放射性因素，生物因素和其他如金属烟、井下不良作业条件、刮研作业六大类职业病危害因素引起的；

（4）该种职业病必须是在国家规定的职业病范围内的。

在我国，依据《职业病防治法》，职业病的分类和目录由国务院卫生行政部门会同国务院劳动保障等行政部门制定、调整并公布，现行的《职业病分类和目录》（国卫疾控发〔2013〕48 号）中规定的职业病共 10 类 132 种。

根据《工伤保险条例》第十四条第四项的规定，患职业病的应当被认定为工伤。患职业病的工伤职工，在治疗和休息期间及在鉴定伤残等级或治疗无效死亡时，均应按有关规定给予相应工伤保险待遇。

法律提示

《职业病防治法》经 2001 年 10 月 27 日第九届全国人大常委会第 24 次会议通过；根据 2018 年 12 月 29 日第十三届全国人大常委会第 7 次会议《关于修改〈中华人民共和国劳动法〉等七部法律的决定》第四次修正。《职业病防治法》分总则、前期预防、劳动过程中的防护与管理、职业病诊断与职业病病人保障、监督检查、法律责任、附则共 7 章 88 条，自2018年12月29日起施行。《职业病防治法》中有关职业病工伤保险的规定主要如下：

（1）用人单位应当保障职业病病人依法享受国家规定的职业病待遇。用人单位应当按照国家有关规定，安排职业病病人进行治疗、康复和定期检查。用人单位对不适宜继续从事原工作的职业病病人，应当调离原岗位，并妥善安置。用人单位对从事接触职业病危害的作业的劳动者，应当给予适当的岗位津贴。

（2）职业病病人的诊疗、康复费用，伤残以及丧失劳动能力的职业病病人的社会保障，按照国家有关工伤保险的规定执行。

（3）职业病病人除依法享有工伤保险外，依照有关民事法律，尚有获得赔偿的权利的，有权向用人单位提出赔偿要求。

（4）劳动者被诊断患有职业病，但用人单位没有依法参加工伤保险的，其医疗和生活保障由该用人单位承担。

（5）职业病病人变动工作单位，其依法享有的待遇不变。用人单位在发生分立、合并、解散、破产等情形时，应当对从事接触职业病危害的作业的劳动者进行健康检查，并按照国家有关规定妥善安置职业病病人。

（6）用人单位已经不存在或者无法确认劳动关系的职业病病人，可以向地方人民政府医疗保障、民政部门申请医疗救助和生活等方面的救助。地方各级人民政府应当根据本地区的实际情况，采取其他措施，使符合规定的职业病病人获得医疗救治。

69. 职业病具有哪些特点？

（1）病因明确

职业病的病因是明确的，即劳动者在职业活动过程中长期受到来自粉尘、化学的、物理的、放射性的、生物的和其他的职业病危害因素的侵害，或不良作业方法、恶劣作业条件的长期影响。这些因素的侵害及影响对职业病的病因，直接或间接地、个别或共同地对劳动者发生作用，如职业性苯中毒是劳动者在职业活动中接触苯引起的，尘肺（肺尘埃沉着病的简称）是劳动者在职业活动中吸入相应的粉尘引起的。

（2）与劳动条件密切相关

职业病的发生与生产环境中有害因素的数量或强度、作用时间、劳动强度及个人防护等因素密切相关。如急性中毒的发生，多由短期内大量吸入毒物引起；慢性职业中毒，则多由长期吸收较小量的毒物蓄积所引起。

（3）与危害因素浓度或强度有关

职业病病人所接触的病因大多是可以检测的，职业病病因一般与劳动者接触职业病危害因素的浓度或强度有直接关系。

（4）尘肺等某些职业病具有缓发性特点

尘肺等某些职业病，其病症要经过一个较长的逐渐形成期或潜伏期后才能显现，属于缓发性伤残。

（5）尘肺等某些职业病具有群体性发病特症

尘肺等某些职业病具有群体性发病特征，在接触同样有害因素的人群中，多是同时或先后出现一批病症相同的职业病病人。

（6）潜在损伤性

由于职业病多表现为体内器官或生理功能的损伤，因而是只见“病症”，不见“伤口”。

（7）可治疗性

大多数职业病如能早期诊断、及时治疗、妥善处理，则愈后较好。但有的职业病如尘肺病、金属及其化合物粉尘沉着病属于不可逆性损伤，很少有痊愈的可能，迄今为止所有治疗方法均无明显效果，只能对症处理、减缓进程，故发现越晚疗效越差。

（8）可预防性

除职业性传染病外，仅治疗个体并不能有效控制人群发病，更应该有效“治疗”有害的工作环境。从病因上来说，职业病是完全可以预防的，发现病因、改善劳动条件、控制职业病危害因素即可减少职业病的发生，故职业病防治工作必须强调“预防为主、防治结合”的方针。

（9）个体差异性

在同一生产环境中从事同一工种的人，人体发生职业性损伤的概率和程度也有差别。

（10）范围日趋扩大

随着经济社会的发展，越来越多新的职业性疾病将被发现，所以职业病分类和目录将被逐步调整。

70. 有限空间作业常见职业病有哪些?

2013 年 12 月 23 日，国家卫生计生委、人力资源社会保障部、国家安全监管总局、全国总工会四部门联合印发《职业病分类和目录》(以下简称《分类和目录》)。该《分类和目录》将职业病分为 10 类 132 种，包括:

(1) 职业性尘肺病及其他呼吸系统疾病 (如矽肺、煤工尘肺等 19 种);

(2) 职业性皮肤病 (如接触性皮炎、电光性皮炎等共 9 种);

(3) 职业性眼病 [如化学性眼部灼伤、电光性眼炎和白内障 (含放射性白内障、三硝基甲苯白内障) 共 3 种];

(4) 职业性耳鼻喉口腔疾病 (如噪声聋、铬鼻病、牙酸蚀病和爆震聋共 4 种);

（5）职业性化学中毒（如汞及其化合物中毒、氯气中毒等共60种）；

（6）物理因素所致职业病（如中暑、减压病等共7种）；

（7）职业性放射性疾病（如外照射急性放射病、内照射放射病等共11种）；

（8）职业性传染病（如炭疽、森林脑炎等共5种）；

（9）职业性肿瘤（如联苯胺所致膀胱癌、苯所致白血病等共11种）；

（10）其他职业病［如金属烟热，滑囊炎（限于井下工人），股静脉血栓综合征、股动脉闭塞症或淋巴管闭塞症（限于刮研作业人员）共3种］。

因有限空间作业危险有害因素较多，若防护措施不到位，经常会使有限空间作业人员罹患职业病。有限空间作业常见的职业病主要有以下几类：

（1）因中毒危害引起的职业病

有限空间容易积聚高浓度的有毒有害物质。有毒有害物质可以是原来就存在于有限空间内的，也可以是作业过程中逐渐积聚的。因中毒危害经常引起的职业病有职业性尘肺病及其他呼吸系统疾病、职业性皮肤病、职业性耳鼻喉口腔疾病、职业性化学中毒、职业性肿瘤等。

（2）因缺氧窒息危害引起的职业病

空气中氧浓度过低会引起缺氧。因缺氧窒息危害经常引起的职业病有职业性尘肺病及其他呼吸系统疾病、物理因素所致职业病等。

（3）因燃爆和其他危害引起的职业病

空气中如果存在易燃、易爆物质，当浓度过高时遇火会引起爆炸或燃烧。其他危害如坠落、溺水、物体打击、电击等，也会对职工造成一定伤害。因燃爆和其他危害经常引起的职业病有物理因素所致职业病、职业性尘肺病及其他呼吸系统疾病、职业性皮肤病、职业性眼病、职业性耳鼻喉口腔疾病、职业性化学中毒、其他职业病等。

71. 有限空间职业病危害评估程序是什么？

（1）在批准进入前，应对有限空间可能存在的职业病危害因素进行检测、评价，以判定是否具备有限空间作业基本安全要求的准入条件。

（2）按照测氧、测爆、测毒的顺序测定有限空间的职业病危害因素。

（3）持续或定时监测有限空间环境，确保容许作业的安全卫生条件。

（4）确保准入者或监护人员能及时获得检测结果。

（5）如果准入者或监护人员对评估结果有质疑，可要求重新评估；用人单位应当接受质疑，并按要求重新评估。

（6）对环境有可能发生变化的有限空间应重新进行评估。

1）当无须准入有限空间内某种有毒有害物质浓度增加时，应重新评估，必要时应将其划入有限空间。

2）如果用人单位将准入有限空间重新划归为无须准入有限空间，应按如下程序进行：

①如果准入有限空间没有职业病危害因素，或不进入就能将有限空间内的有毒有害物质消除，可以将准入有限空间重新划归为无须准入有限空间；

②如果检测和监督结果证明准入有限空间各种职业病危害因素已经消除，准入有限空间应当重新划归为无须准入有限空间。

3）用人单位应当保存职业病危害因素已经消除的证明材料，证明材料包括日期、空间位置、检测结果和颁发者签名，并保证准入者或监护人员能够得到。

4）如果准入有限空间重新划入无须准入有限空间后，有毒有害因素浓度增加，所有在此空间的准入者应当立即离开，并应重新评估和决定是否将此空间划入准入有限空间。

72. 有限空间作业人员职业卫生防护培训包括哪些内容?

（1）用人单位应当培训准入者、监护人员和作业现场负责人，使其掌握在有限空间作业所需要的安全卫生知识和技能。

（2）出现下列情况时应对准入者进行培训：

1）上岗前；

2）换岗前；

3）当有限空间的职业病危害因素发生变化时；

4）用人单位如果认为有限空间作业程序出现问题，或准入者未完全掌握操作程序时；

5）制定和发布最新作业程序文件时。

（3）培训结束后，应当颁发培训合格证书，合格证书应当包括准入者的姓名、培训内容、培训人签名和培训日期。

73. 用人单位对职工的职业健康检查负哪些责任?

（1）用人单位不得安排未经上岗前职业健康检查的职工从事接触职业危害的作业；不得安排有职业禁忌的职工从事其所禁忌的作业；对在职业健康检查中发现有与所从事职业相关的健康损害的职工，应当调离原工作岗位，并妥善处置；对未进行离岗前职业健康检查的职工，不得解除或者终止与其订立的劳动合同。

（2）用人单位应当为职工建立职业健康监护档案，并按照规定的期限妥善保存。职工离开单位时，有权索取本人职业健康监

护档案复印件，用人单位应当如实、无偿提供，并在所提供的复印件上签章。

（3）用人单位不得安排未成年工从事接触职业病危害的作业，不得安排孕期、哺乳期的女职工从事对本人和胎儿、婴儿有危害的作业。

（4）用人单位发生职业病危害事故，应当及时向所在地卫生行政部门和有关部门报告，并采取有效措施，减少或者消除职业病危害因素，防止事故扩大。对遭受职业病危害的职工，及时组织救治，并承担所需费用。

74. 职工上岗前职业健康检查的内容有哪些?

职工上岗前职业健康检查是指从事接触职业病危害因素作业的新录用人员（包括转岗到该种作业岗位的人员）以及拟从事有特殊健康要求作业（如有限空间作业、电工作业、高处作业、职业机动车驾驶作业等）的人员，在开始从事接触职业病危害因素作业之前进行的职业健康检查。上岗前职业健康检查均为强制性职业健康检查，其目的是发现职工有无职业禁忌证以及建立接触职业病危害因素人员的基础健康档案。

法律提示

《职业病防治法》规定，用人单位不得安排未经上岗前职业健康检查的劳动者从事接触职业病危害的作业；不得安排有职业禁忌的劳动者从事其所禁忌的作业。

75. 职工在岗期间定期职业健康检查的内容有哪些？

职工在岗期间应按照所在单位的安排定期进行在岗期间的职业健康检查。

在岗期间定期职业健康检查是指从事按规定需要开展健康监护的、长期接触职业病危害因素作业的劳动者，在其在岗期间定期地实施职业健康检查。其目的主要是早期发现职业病患者或疑似职业病患者或职工的其他健康异常改变，及时发现有职业禁忌证的劳动者，评价作业场所职业病危害因素的控制效果。

在岗期间定期职业健康检查包括强制性职业健康检查和推荐性职业健康检查，其定期职业健康检查的周期根据不同职业病危害因素的性质、工作场所职业病危害因素的浓度或强度、目标疾病的潜伏期和防护措施状况等因素决定。

法律提示

《用人单位职业健康监护监督管理办法》规定，用人单位应当根据劳动者所接触的职业病危害因素，定期安排劳动者进行在岗期间的职业健康检查。用人单位应当根据职业健康检查报告，采取下列措施：

（1）对有职业禁忌的劳动者，调离或者暂时脱离原工作岗位；

（2）对健康损害可能与所从事的职业相关的劳动者，进行妥善安置；

（3）对需要复查的劳动者，按照职业健康检查机构要求的时间安排复查和医学观察；

（4）对疑似职业病病人，按照职业健康检查机构的建议安排其进行医学观察或者职业病诊断；

（5）对存在职业病危害的岗位，立即改善劳动条件，完善职业病防护设施，为劳动者配备符合国家标准的职业病危害防护用品。

《职业病防治法》规定，用人单位和医疗卫生机构发现职业病病人或者疑似职业病病人时，应当及时向所在地卫生行政部门报告。确诊为职业病的，用人单位还应当向所在地劳动保障行政部门报告。

76. 职工离岗时职业健康检查的主要内容是什么?

职工离岗时职业健康检查是指其在准备调离或脱离所从事的接触职业病危害的作业或岗位前对其进行全面的健康检查。体检的内容与项目是依据劳动者所从事的岗位、工种中所存在的职业病危害因素情况而有针对性地选择一些较为敏感的项目，对劳动者进行检查，其目的是确定其在停止接触职业病危害因素时的健康状况。

法律提示

《用人单位职业健康监护监督管理办法》规定，对准备脱离所从事的职业病危害作业或者岗位的劳动者，用人单位应当在劳动者离岗前30日内组织劳动者进行离岗时的职业健康检查。劳动者离岗前90日内的在岗期间的职业健康检查可以视为离岗时的职业健康检查。用人单位对未进行离岗时职业健康检查的劳动者，不得解除或者终止与其订立的劳动合同。

《职业病防治法》规定，用人单位对未进行离岗前职业健康检查的劳动者不得解除或者终止与其订立的劳动合同。

77. 职业卫生教育、培训的内容有哪些？

职业卫生教育、培训是指利用书报、专刊、黑板报等媒体，通过专题讲座和培训等教学手段，系统、科学、有针对性地将职业卫生与安全的知识有效地输送给劳动者，提高广大劳动者的职业卫生知识与自我防护意识，从而降低工伤率、死亡率，减少罹患职业病的风险。

法律提示

《职业病防治法》规定，用人单位的主要负责人和职业卫生管理人员应当接受职业卫生培训，遵守职业病防治法律法规，依法组织本单位的职业病防治工作。用人单位应当对劳动者进行上岗前的职业卫生培训和在岗期间的定期职业卫生培训，普及职业卫生知识，督促劳动者遵守职业病防治法律、法规、规章和操作规程，指导劳动者正确使用职业病防护设备和个人使用的职业病防护用品。

因此，劳动者依法享有获得职业卫生教育、培训的权利，职业卫生方面的教育、培训工作是认真贯彻《职业病防治法》的一项十分重要的内容，也是一项保障劳动者权益的重要措施。

对于用人单位来说，参与职业卫生教育、培训活动，既是履行用人单位应尽社会责任的一种方式，也是提升员工素质、规范职业病防治管理、降低或减少员工职业病发病及其赔付成本的重要渠道。对于政府与社会来说，则是保障广大劳动者身体健康、化解群体矛盾冲突、实现社会和谐有序的重要措施。

相关链接

用人单位负责人职业卫生初次培训不得少于 16 学时，继续教育不得少于8学时。

用人单位职业卫生管理人员初次培训不得少于16学时，继续教育不得少于8学时。职业病危害监测人员的培训，可以参照职业卫生管理人员的要求执行。

新职工的初次职业卫生培训时间不得少于8学时，继续教育不得少于4学时。

第7章 有限空间作业事故应急救援

78. 有限空间作业事故的特性有哪些？

从对以往的事故分析来看，有限空间作业事故有以下 4 个特性：

（1）隐蔽性

在作业过程中，一氧化碳、硫化氢等有毒有害气体具有较强的隐蔽性，作业人员一旦进入有这类气体的区域即会发生中毒窒息事故。2017 年 5 月 29 日，河北省辛集市欧赛皮革有限公司污水处理厂曝气池电机发生故障，维修人员进入车间行走 15 米左右后中毒倒地，事故造成 4 人死亡、1 人重伤。

（2）重复性

从事故原因来看，2010—2017 年，有多起事故是由相同原因

导致的，具有一定的重复性。2010 年 3 月 8 日，云南省红河州建水县超萍小米辣食品厂发生的中毒窒息事故；2012 年 11 月 3 日，重庆市渝北区年香食品厂发生的中毒窒息事故。这类事故均是由于生产作业场所环境不良造成，且均造成了相当严重的后果。

（3）突发性

从事故后果的表现形式来看，有限空间作业事故具有一定的突发性，如因中毒窒息导致的昏厥甚至死亡。从应急救援角度来看，事故的突发性经常导致盲目救援，进一步扩大了有限空间作业事故影响范围，以及加大了事故后果的严重程度。2017 年 4 月 3 日，湖南省湘潭市洁宝清洁服务有限公司在清理湘乡市澳泉食品有限公司污水池时，发生一起较大中毒和窒息事故。由于没有对突发事故采取有效的应急救援措施，导致事故影响进一步扩大，最终造成 4 人死亡、1 人受伤，直接经济损失约 346 万元。

（4）规律性

据统计分析结果，有限空间作业事故在地区、行业、时间等方面具有一定的规律性。如在季节方面，相对秋季，春季、夏季、冬季发生有限空间作业事故次数和造成的死亡人数较多；在行业方面，2021 年 3 月 26 日应急管理部安全生产执法和工贸安全监督管理局公布，涉及矿山、化工、建筑、电力、造纸、造船、食品加工、餐饮、市政工程、城市燃气、污水处理、特种设备等多个行业领域，为主要事故多发行业。

相关链接

据初步统计，2020 年全国共发生有限空间作业较大事故 20 起、死亡 62 人，同比增加 7 起、16 人。从季节性特点看，进入夏季，有限空间内温度升高，发生有限空间作业中毒窒息事故的风险明显增高，2020 年 5 月份以来，全国共发生有限空间作业较大事故 13 起、死亡 40 人，分别占当年有限空间作业较大事故总量和死亡总人数的 65.0%、64.5%。从事故类型和发生场所看，2020 年发生的 20 起较大事故中，有 17 起为中毒窒息事故，共造成 53 人死亡；有 16 起集中发生在污水池、抽水井、地下室等各类有限空间，共造成 49 人死亡。从行业领域看，2020 年较大事故主要集中在建筑业和工贸行业，两行业较大事故起数、死亡人数分别占总量的 80.0% 和 79.0%。从伤亡情况看，施救不当是导致伤亡扩大的主因，

2020年发生的20起较大事故中，有11起是因盲目施救、救援措施不当导致伤亡扩大升级为较大事故，共造成34人死亡。

应急管理部要求，各地要督促各类企业高度重视应急管理和安全生产工作，加强风险辨识管控和隐患排查治理，严格落实企业安全生产主体责任，健全完善相关管理制度、作业规程及应急预案，开展经常性应急演练，切实增强从业人员应急意识和自救互救能力；从事危险施工作业的单位，应按规定为从业人员配备必要的劳动防护救援装备，提高应急处置能力。要督促各类企业认真落实岗前培训，切实提高从业人员安全防范意识和应急知识，有限空间作业要按要求做好劳动安全防护，现场救援必须使用检测仪器持续检测有限空间，施救前要做好自身呼吸防护和绳索保护，坚决杜绝盲目施救。

79. 有限空间作业主要事故隐患有哪些?

存在有限空间作业的单位应严格落实各项事故防控措施，定期开展排查并消除事故隐患。有限空间作业主要事故隐患见表7–1。

表7–1　　有限空间作业主要事故隐患

序号	项目	隐患内容	隐患分类
1	有限空间作业方案和作业审批	有限空间作业前，未制定作业方案或未经审批擅自作业	重大隐患

续表

序号	项目	隐患内容	隐患分类
2	有限空间作业场所辨识和设置安全警示标识	未对有限空间作业场所进行辨识并设置明显安全警示标识	重大隐患
3	有限空间管理台账	未建立有限空间管理台账并及时更新	一般隐患
4	有限空间作业气体检测	有限空间作业前及作业过程中未进行有效的气体检测或监测	一般隐患
5	劳动防护用品配置和使用	未根据有限空间存在危险有害因素的种类和危害程度，为从业人员配备符合国家或行业标准的劳动防护用品，并督促其正确使用	一般隐患
6	有限空间作业安全监护	有限空间作业现场未设置专人进行有效监护	一般隐患
7	有限空间作业安全管理制度和安全操作规程	未根据本单位实际情况建立有限空间作业安全管理制度和安全操作规程，或制度、规程照搬照抄，与实际不符	一般隐患
8	有限空间作业安全专项培训	未对从事有限空间作业的相关人员进行安全专项培训，或培训内容不符合要求	一般隐患
9	有限空间作业事故应急救援预案和演练	未根据本单位有限空间作业的特点，制定事故应急预案，或未按要求组织应急演练	一般隐患
10	有限空间作业承包、发包安全管理	有限空间作业承包单位不具备有限空间作业安全生产条件，发包单位未与承包单位签订安全生产管理协议或未在承包合同中明确各自的安全生产职责，发包单位未对承包单位作业进行审批，发包单位未对承包单位的安全生产工作定期进行安全检查	一般隐患

相关链接

根据应急管理部及原国家安全监管总局数据显示，2010—2018年，全国工贸行业共发生有限空间作业较大以上事故122起、死亡467人，占工贸行业较大以上事故起数和死亡人数的40%以上。仅在2019年上半年，有新闻报道的有限空间作业较大事故就不少于8起。比如2019年5月10日，河北省秦皇岛市抚宁区留守营镇丰满板纸有限公司污水处理车间3名工人不慎坠入污水处理池，经抢救无效死亡；2019年3月3日，四川省达州市瓮福达州化工有限公司物流部磷酸灌装区硫化氢气体中毒事故，造成3人死亡；2019年2月15日晚，广东省东莞市一纸业公司发生污水调节池气体中毒事故，造成7名工人死亡。

80. 有限空间作业事故常见原因有哪些？

（1）识别存在误区

由于缺乏专业知识和安全意识不强，人们对于有限空间作业误判、漏判现象较为普遍，在日常检查中相当多的企业对于本单位存在的有限空间作业不自知，但是当各种不利因素叠加的时候就会导致事故发生。

（2）缺乏专项安全培训

根据《工贸企业有限空间作业安全管理与监督暂行规定》第六条规定，工贸企业应当对从事有限空间作业的现场负责人、监护人员、作业人员、应急救援人员进行专项安全培训。专项安全培训应当包括有限空间危险有害因素和安全防范措施、有限空间作业的安全操作规程、检测仪器与劳动防护用品的正确使用、紧急情况下的应急处置措施等内容。安全培训应当有专门记录，并由参加培训的人员签字确认。现实中，经常出现培训现场人员角色不清、不全，培训学时不足等情况，这会导致发生意外时现场人员手足无措。

（3）违章作业是主因

有限空间作业应当严格遵守“先通风、再检测、后作业”的原则。作业中还应当保持有限空间出入口畅通；设置明显的安全警示标识和警示说明；作业前后清点作业人员和工器具；作业人员与外部有可靠的通信联络；监护人员不得离开作业现场，并与作业人员保持实时沟通；存在交叉作业时，采取避免互相伤害的措施。在日常工作中，这些措施经常执行不到位或被打折扣，但如果有任何一个环节不到位都可能导致事故发生。

（4）缺乏检测手段

有限空间作业的重要环节就是有效检测，检测指标包括氧浓度、易燃易爆物质（可燃性气体、爆炸性粉尘）浓度、有毒有害气体浓度，检测应当符合相关国家标准或者行业标准的规定。未经通风和检测合格，任何人员不得进入有限空间作业。检测的时间不得早于作业开始前 30 分钟。一些条件简陋的有限空间作业由于缺乏必要检测设备，往往凭经验或用土办法代替，比如用点蜡烛的方式测试氧含量。

（5）盲目施救导致事故扩大

这是有限空间作业事故的一大特征，很多事故都因盲目施救而扩大。通过对有限空间作业较大以上事故调查报告的翻阅整理发现，事故应急处置过程中，尤其是事故现场人员采取的应急处置，尚存在情况判断不明、应急保障不足、处置措施不合规等诸多问题。如监护人员和事故现场人员将中毒窒息倒地误认为是由于发病或摔倒等其他原因，或误判为触电事故等，从而忽略了有限空间内存在的中毒窒息危险，出现采取应急措施不当等问题；有的由于应急物资配备不足，监护人员和事故现场人员无法从现场附近取得防毒面具和安全绳等，就直接跳入有限空间内进行施救，造成施救人员中毒窒息甚至摔伤，并无法立即被空间外人员迅速救出；而有的监护人员或施救人员是因安全防护用具不合格或配置不符合实际使用情况要求，即使按要求正确佩戴了安全防护用具进行援救，但也受到了伤害；还有的事故发生后，未能立即设置警戒区域，使得众多附近人员一拥而上、盲目施救，使事故后果扩大等。

相关链接

2017 年，全国 13 起有限空间较大事故全部涉及盲目施救，因盲目施救增加死亡 35 人。2018 年发生的 9 起较大事故中，7 起事故涉及盲目施救，导致增加死亡 18 人。

2018 年 6 月 16 日，某生物科技公司工人在发酵罐作业时发生窒息事故，后续赶到的救援人员在未采取防护措施情况下进入发酵罐施救，结果造成 3 名救援人员窒息死亡。

2020 年 1 月 25 日，宁波市某公司发生一起有限空间伤亡事故，造成 3 人死亡。原本是 1 人进入有限空间窒息，由于现场没有人员监护加上春节放假等原因，第二天才被发现。但目击人员报警时未意识到是有限空间事故，而称有人坠落身亡。所以医生到达后并未多加考虑，在车间负责人陪同下盲目进入并相继倒地，跟在后面的警察感觉异样后迅速返回地面，幸未造成事故进一步扩大。

81. 有限空间作业应急救援管理措施有哪些?

各生产区域、安全管理部门应建立责任区域及公司级的应急救援队伍，保证其人员的稳定性，并建立有限空间应急物资的台账，定期进行点检，保证各项应急物资的安全正常使用。同时应对公司内的应急救援队成员及现场作业人员进行应急救援装备使用的培训，并进行培训效果验证，以保证发生紧急情况下救援人员可以正确使用各类应急物资。

作业单位必须制定有限空间的应急救援预案，经公司主要负责人签批后定期进行演练，至少留存签批版的有限空间应急救援预案、演练照片、演练培训记录、效果评估总结，并针对演练存在的问题进行整改落实。

有限空间作业中发生事故后，现场监护人员应立即启动公司的有限空间应急救援预案，现场监护人员应利用作业人员携带的安全绳将作业人员迅速救出，尽量避免进入救援。如果必须要进入有限空间内抢救，抢救人员则应当做好个人安全防护，并在专人监护的情况下进入有限空间内开展抢救工作。抢救人员必须按要求佩戴好正压式空气呼吸器、全身式安全带，并系好安全绳，禁止盲目施救。如果被救上来的作业人员出现呼吸困难的情况，则应立即将其转移到空气新鲜的地方，清理被污染的衣物，同时拨打120急救电话并做好现场防护；如果被救援上来的作业人员出现呼吸和心跳停止的情况，则应采用心脏复苏和人工呼吸的方式进行急救，同时拨打120急救电话并做好现场防护，等待救护车的到来，在救护车上应不间断抢救工作。

82. 有限空间作业事故的应急救援基本要求有哪些？

（1）用人单位应建立应急救援机制，设立或委托救援机构，制定有限空间应急救援预案，确保每位应急救援人员每年至少进行一次实战演练。

（2）救援机构应具备有效实施救援服务的装备，具有将准入者从特定有限空间或已知危害的有限空间中救出的能力。

（3）救援人员应经过专业培训，培训内容应包括基本的急救和心肺复苏术。每个救援机构至少确保有一名人员掌握基本急救和心肺复苏术技能，还要接受作为准入者所要求的培训。

（4）救援人员应具有在规定时间内在有限空间危害已被识别的情况下对受害者实施救援的能力。

（5）进行有限空间救援和应急服务时，应采取以下措施：

1）告知每个救援人员所面临的危害；

2）为救援人员提供安全可靠的个人防护设施，并通过培训使其能熟练使用；

3）无论准入者何时进入有限空间，有限空间外的救援均应使用吊运救援系统；

4）应将化学物质安全数据清单或所需要的类似书面信息放在工作地点，如果准入者受到有毒有害物质的伤害，应当将这些信息告知处理受害者的医疗机构。

（6）吊运救援系统应符合以下条件：

1）每个准入者均应使用胸部或全身套具，绳索应从头部往下系在后背中部靠近肩部水平的位置，或能有效证明从身体侧面也能将作业人员移出有限空间的其他部位。在不能使用胸部或全身套具，或使用胸部或全身套具可能造成更大危害的情况下，可使

用腕套，但须确认腕套是最安全和最有效的选择。

2）在有限空间外使用吊运救援系统救援时，应将吊运救援系统的另一端系在机械设施或固定点上，保证救援人员能及时进行救援。

3）机械设施至少可将人从15米的有限空间中救出。

83. 有限空间作业事故的应急救援方式有哪些？

当作业过程中出现异常情况时，作业人员在还具有自主意识的情况下，应采取积极主动的自救措施。作业人员可使用隔绝式紧急逃生呼吸器等救援逃生设备，提高自救成功效率。如果作业人员自救逃生失败，救援人员应根据实际情况采取非进入式救援或进入式救援方式。

（1）非进入式救援

非进入式救援是指救援人员在有限空间外，借助相关设备与器材，安全快速地将有限空间内受困人员移出有限空间的一种救援方式。非进入式救援是一种相对安全的应急救援方式，但需至少同时满足以下两个条件：

1）有限空间内受困人员佩戴了全身式安全带，且通过安全绳与有限空间外的挂点可靠连接；

2）有限空间内受困人员所处位置与有限空间进出口之间通畅、无障碍物阻挡。

（2）进入式救援

当受困人员未佩戴全身式安全带，也无安全绳与有限空间外部挂点连接，或因受困人员所处位置无法实施非进入式救援时，就需要救援人员进入有限空间内实施救援。进入式救援是一种风险很大的救援方式，一旦救援人员防护不当，极易出现伤亡扩大。

实施进入式救援，要求救援人员必须采取科学的防护措施，确保自身防护安全、有效。同时，救援人员应经过专门的有限空间救援培训和演练，能够熟练使用防护用品和救援设备设施，并确保能在自身安全的前提下成功施救。若救援人员未得到足够防护，不能保障自身安全，则不得进入有限空间实施救援。

84. 有限空间作业事故的应急救援措施有哪些？

有限空间作业人员、监护人员、作业现场负责人和企业内部肩负应急救援职责的人员，应经过有限空间事故应急救援训练，

掌握应急救援能力。作业现场应急救援装备应充分有效，以便事故发生时，能够依据应急救援预案开展有效的救援。有限空间作业事故的最大诱因是有毒有害气体浓度太高或氧气浓度不足，如果救援人员缺乏防护贸然进入，很容易诱发二次事故，导致事故后果扩大。因此，为防止发生二次事故，事故发生后，救援人员首先必须先进行紧急通风，提高有限空间的氧含量，稀释并排出空间内的有毒有害气体。

常见的通风办法是用大功率风机向有限空间内鼓风，最好是将风机的风管延伸到受困人员附近，防止形势持续恶化。救援人员应尽可能地通过支架和安全绳将受困人员解救到安全地点。当救援时间长，救援人员体力不足时，救援人员应进行梯次轮换，确保能够持续救援。

相关链接

《工贸企业有限空间作业安全管理与监督暂行规定》第二十三条规定，有限空间作业中发生事故后，现场有关人员应当立即报警，禁止盲目施救，应急救援人员实施救援时，应当做好自身防护，佩戴必要的呼吸器具、救援器材。

85. 有限空间作业事故的应急救援装备有哪些？

应急救援装备是开展救援工作的重要基础。有限空间作业事故的应急救援装备主要包括便携式气体检测报警仪、大功率机械通风设备、照明工具、通信设备、正压式空气呼吸器或高压送风式长管呼吸器、安全帽、全身式安全带、安全绳、有限空间进出及救援系统等。上述装备与一般作业用安全防护设备和劳动防护用品并无区别，发生事故后，作业配置的安全防护设备设施符合应急救援装备要求时，可用于应急救援。

86. 有限空间作业事故的应急救援注意事项有哪些?

一旦发生有限空间作业事故，作业现场负责人应及时向本单位领导报告事故情况，在分析事发有限空间环境危害控制情况、应急救援装备配置情况以及现场救援能力等因素的基础上，判断可否采取自主救援以及采取何种救援方式。

若现场具备自主救援条件，应根据实际情况采取非进入式或进入式救援，并确保救援人员人身安全；若现场不具备自主救援条件，应及时拨打 119 和 120 急救电话，依靠专业救援力量开展救援工作，不能擅自强行施救。

受困人员脱离有限空间后，应迅速将其转移至安全、空气新鲜处，并进行正确、有效的现场救护，以挽救人员生命，减轻伤害。

第8章 有限空间作业工伤现场急救知识

87. 发生烧伤如何急救？

（1）立即用自来水冲洗或浸泡烧伤部位10~20分钟，也可进行冷敷。冲洗或浸泡后尽快脱去或剪去着火的衣服或被热液浸渍的衣服。

（2）如果是轻度烧伤，可用清水冲洗后搌干，局部涂烫伤膏，无须包扎。面积较大的烧伤创面可用干净的纱布、被单、衣服覆盖。

（3）发生窒息，应尽快使伤员脱离危险环境，如果呼吸、心跳停止，立即进行心肺复苏。

（4）密切观察伤员有无进展性呼吸困难，并及时护送到医院进一步诊断治疗。

（5）尽量不挑破水疱。较大的水疱可用缝衣针经火烧烤几秒钟或用75%酒精消毒后刺破水泡，放出疱液，但切忌剪除表皮。寒冷季节应注意保暖。

（6）烧伤创面上切不可涂抹药水或药膏，以免掩盖烧伤程度。

（7）千万不要给口渴伤员大量饮用白开水。

88. 怎样做口对口人工呼吸？

（1）将伤员置于仰卧位，救护人员站在其右侧，将其颈部伸直；右手向上托伤员的下颌，使其的头部后仰。这样，伤员的气管能充分伸直，有利于人工呼吸。

（2）清理伤员口腔，包括痰液、呕吐物及异物等。

（3）用身边现有的清洁布质材料，如手绢、小毛巾等覆盖在伤员口部，以防传染病危险。

（4）左手捏住伤员鼻孔（防止漏气），右手轻压伤员下颌，将其口腔打开。

（5）救护人员自己先深吸一口气，用自己的口唇把伤员的口唇包住，向伤员嘴里吹气。吹气应均匀、持久（像平时长出一口气一样），但不要用力过猛。吹气的同时用眼角余光观察伤员的胸部，如看到伤员的胸部膨起，表明气体吹进了伤员的肺脏，吹气的力度合适。如果伤员胸部没有膨起，说明吹气力度不够，应适当加强。吹气后待伤员膨起的胸部自然回落后，再深吸一口气重复吹气，反复进行。

（6）对一岁以下婴儿进行抢救时，救护人员要用自己的嘴把孩子的嘴和鼻子全部包住进行人工呼吸。对婴幼儿和儿童施救时，吹气力度要减小。

（7）每分钟吹气 10~12 次。

（8）只要伤员未恢复自主呼吸，就要持续进行人工呼吸，不要中断，直到救护车到达，再交给专业救护人员继续抢救。

（9）如果身边有面罩和呼吸气囊，可用面罩和呼吸气囊进行人工呼吸。

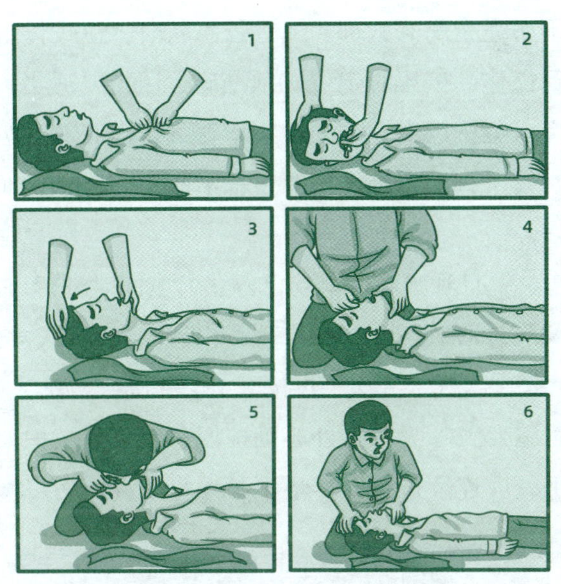

89. 胸外心脏按压法的基本要领是什么？

（1）使伤员仰卧在比较坚实的地面或地板上，解开衣服，清除口内异物，然后进行急救。

（2）救护人员蹲跪在伤员腰部一侧，或跨腰跪在其腰部，两手相叠。将掌根部放在被救护者胸骨下 1/3 的部位，即把中指尖放在其颈部凹陷的下边缘，手掌的根部就是正确的压点。

（3）救护人员两臂肘部伸直，掌根略带冲击地用力垂直下压，压陷深度为 3~5 厘米。按压频率为 100~120 次 / 分钟，太快和太慢效果都不好。

（4）按压后，掌根迅速全部放松，让伤员胸部自动复原。放松时掌根不必完全离开胸部。当进行急救时，应按以上步骤连续不断地进行操作。按压时定位必须准确，压力要适当，不可用力过大过猛，以免挤压出胃中的食物堵塞气管而影响呼吸，或造成肋骨折断、气血胸和内脏损伤等；也不能用力过小，而起不到按压的作用。

（5）伤员一旦呼吸和心跳均已停止，应同时进行口对口（鼻）人工呼吸和胸外心脏按压。如果现场仅有 1 人救护，两种方法应交替进行，每次吹气 2~3 次，再按压 10~15 次。

（6）实施人工呼吸和胸外心脏按压急救，在救护人员体力允许的情况下，应连续进行，尽量不要停止，直到伤员恢复自主呼

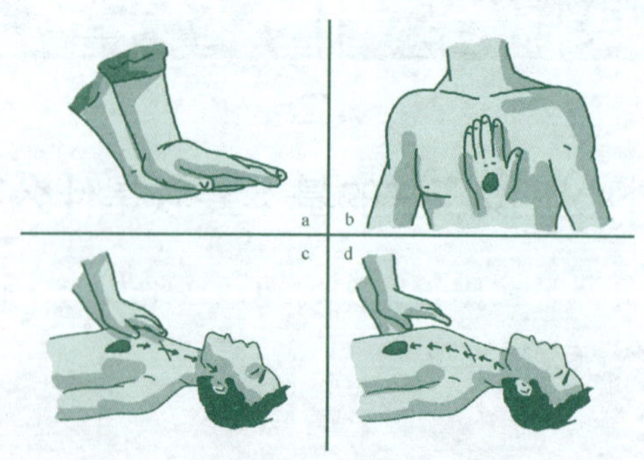

吸与脉搏跳动，或有专业救护人员到达现场。

90. 骨折固定应注意哪些事项?

（1）在处理开放性骨折时，局部要做好清洁消毒处理，并用纱布将伤口包好。严禁把暴露在伤口外的骨折端送回伤口内，以免造成伤口污染和再度刺伤血管与神经。

（2）对于大腿、小腿、脊椎骨折的伤员，一般应就地固定，不要随便移动伤员，也不要盲目复位，以免加重损伤程度。如上肢受伤，可将伤肢固定于躯干；如下肢受伤，可将伤肢固定于另一健肢。

（3）骨折固定所用的夹板长度与宽度要与骨折肢体相称，其长度一般以超过骨折上下两个关节为宜。

（4）固定用的夹板不应直接接触皮肤。在固定时可将纱布、三角巾、毛巾、衣物等软材料垫在夹板和肢体之间；夹板两端、关节骨头突起部位和间隙部位，可适当加厚垫，避免皮肤磨损或局部组织压迫坏死。

（5）固定、捆绑的松紧度要适宜，过松达不到固定的目的，过紧影响血液循环，导致肢体坏死。固定四肢时，要将指（趾）端露出，以便随时观察肢体血液循环情况。如出现指（趾）苍白、发冷、麻木、疼痛、肿胀、甲床青紫等症状时，说明固定、捆绑过紧，血液循环不畅，应立即松开，重新包扎固定。

（6）对四肢骨折固定时，应先捆绑骨折端处的上端，后捆绑骨折端处的下端。如捆绑次序颠倒，则会导致再度错位。上肢固定时，肢体要屈着绑（屈肘状）；下肢固定时，肢体要伸直绑。

（7）要注意伤口和全身状况。如伤口出血，应先止血，再包扎固定；如伤员出现休克或呼吸、心跳骤停时，应先立即进行心肺复苏急救。

91. 断肢或断指如何急救?

（1）让伤员躺下，用一块纱布或清洁的布块，放在断肢的伤口上，再用绷带或围巾包扎。

（2）立即派人找回断肢或断指。如果断肢或断指仍在机器中，需立即拆开机器将其取出，并同伤员一起送往医院，以备断肢或断指再植手术。

（3）断肢或断指要用无菌或清洁的纱布包扎，置于塑料袋中密封，最好再放入有冰的容器中，切勿直接浸泡在任何液体或直接放置于冰块中。

（4）尽快前往有条件的专科医院就诊，迅速组织进行再植手术。尽量争取在 6~8 小时内完成断肢或断指再植手术。

92. 如何正确搬运伤员?

针对不同伤情，应采用不同的搬运方法。

（1）脊柱骨折伤员的搬运

对于脊柱骨折的伤员，一定要用木板做的硬担架抬运，由 2~4 人搬运，步调一致，使伤员与担架成一线起落。在搬运时，切忌一人抬胸、一人抬腿。应将伤员平放到担架上以后，在其腰部垫一个靠垫，然后用 3~4 根皮带把伤员固定在木板上，以免其在搬运中滚动或跌落，使脊柱移位或扭转，刺激血管和神经，造成下肢瘫痪。无担架、木板，需众人用手搬运时，救护人员必须有一人双手托住伤员腰部，切不可单独一人用拉、拽的方法搬运伤者，否则易把伤者的脊柱神经拉断，造成下肢永久性瘫痪。

（2）颅脑伤昏迷者的搬运

对于颅脑伤昏迷者，搬运时要两人以上，并重点保护头部。首先应将伤员放到担架上，采取半卧位，头部侧向一边，以免呕吐物阻塞气道而窒息。如有暴露的脑组织，应加以保护。抬运前，头部给以软枕，膝部、肘部应用衣物垫好，头颈部两侧垫衣物以使颈部固定，防止来回摆动。

（3）颈椎骨折伤员的搬运

对于颈椎骨折的伤员，搬运时，应由一人稳定头部，其他人

以协调力量将其平直抬到担架上，头部左右两侧用衣物、软枕加以固定，防止左右摆动。

（4）腹部受伤者的搬运

严重腹部受伤者，多有腹腔脏器从伤口脱出，可采用布带、绷带做一个略大的环圈盖住加以保护，然后固定。搬运时采取仰卧位，并使下肢屈曲，防止腹压增加而使肠管继续脱出。

（5）伤势较轻伤员的搬运

如果伤员伤势不重，可采用扶、掮、背、抱的方法将伤员运走：

1）单人扶着行走。左手拉着伤员的手，右手扶住伤员的腰部，慢慢行走。此法适用于伤势不重、神志清醒的伤员。

2）肩膝手抱法。伤员不能行走，但上肢还有力量，可让伤员钩在搬运者颈上。此法禁用于脊柱骨折的伤员。

3）背驮法。先将伤员支起，然后背着走。

4）双人平抱着走。两个搬运者站在同侧，抱起伤员走。

93. 如何救助中暑人员？

在既有高温又有高湿度或者强热辐射而低风速的环境（有限空间）中作业，再加上劳动强度过大、作业时间过长，此时作业人员极容易发生中暑。轻度中暑的初期症状为头晕、眼花、耳鸣、恶心、心慌、乏力，重度中暑人员会有体温急速升高，并出现突然晕倒或痉挛等现象。

对中暑人员的现场急救原则是：对于轻度中暑人员，应立即将其移至阴凉通风处休息，擦去汗液，给予适量的清凉含盐饮料，并可选服人丹、十滴水、避瘟丹等药物，一般中暑症状可逐渐消除；对于重度中暑人员，必须立即将其送往医院。

从很多中暑死亡的案例总结来看，发生中暑的主要原因是用人单位防暑措施没有到位。当作业人员在出现中暑症状后，如果没有及时到阴凉环境休息，而是去了工棚或户外，就会加重病情。即便作业人员的身体都很好，但在出现中暑症状后，也是不能“硬撑”的。因此，建议用人单位设置一间装有空调的休息室，专供中暑作业人员休息，一旦有作业人员中暑后就及时将其送到空调房间，让其喝些冰水，症状严重者应立即送往医院，这样才能避免人员死亡事故的发生。

94. 常用的绷带包扎法有哪些?

（1）环形法

环形法是将绷带做环形重叠缠绕。第一圈环绕稍作斜状，第二、三圈作环形，并将第一圈斜出的一角压于环形圈内，最后用橡皮膏将带尾固定，也可将带尾剪开两头打结。此法是各种绷带包扎中最基本的方法，多用于手腕、肢体等部位。

（2）蛇形法

蛇形法是先将绷带按环形法缠绕数圈，可根据绷带的宽度做间隔斜形上缠或下缠。

（3）螺旋形法

螺旋形法是将绷带先按环形法缠绕数圈，上缠每圈盖住前圈之 1/3 或 2/3 呈螺旋形。

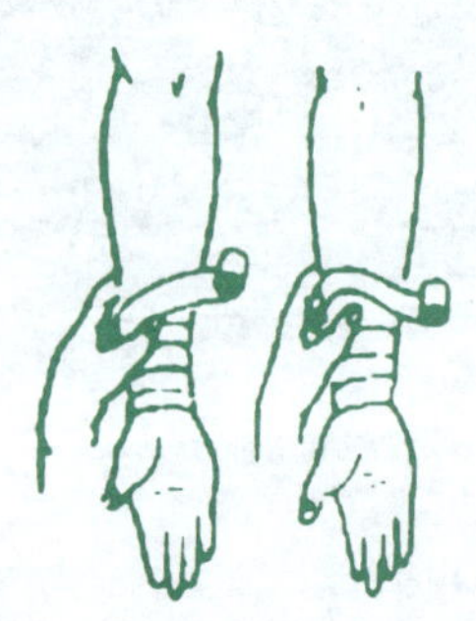

（4）螺旋反折法

螺旋反折法是将绷带先按环形法缠绕数圈，做螺旋形法之缠绕，待缠到胳膊渐粗处，将每圈绷带反折，盖住前圈的 1/3 或 2/3，依次由下而上地缠绕。

（5）8 字形法

8 字形法是在关节弯曲的上方、下方，先将绷带由下而上缠绕，然后由上而下呈 8 字形来回缠绕。

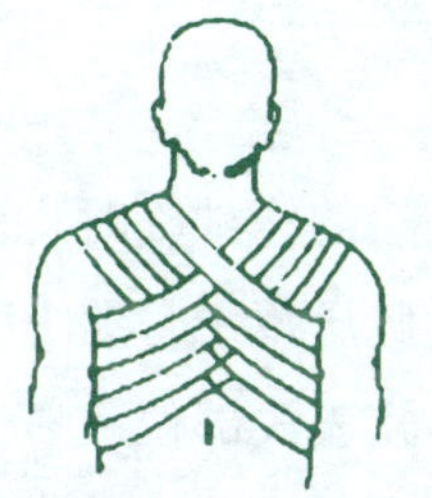

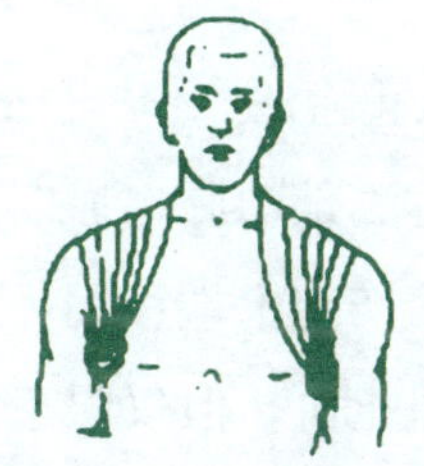

（6）对较大创面、固定夹板、手臂悬吊等，需应用三角巾包扎法。

95. 常用的止血法有哪几种？

（1）一般止血法

一般止血法主要针对小的创口出血。先用生理盐水冲洗消毒患部，然后再覆盖多层消毒纱布用绷带扎紧包扎即可。

（2）填塞止血法

填塞止血法是将消毒的纱布、棉垫、急救包填塞、压迫在创口内，外用绷带、三角巾包扎，松紧度以达到止血为宜。

（3）绞紧止血法

绞紧止血法的具体操作方法为将三角巾折成带形，打一个活结，再取一根小棒穿在带子外侧绞紧，然后将绞紧后的小棒插在活结小圈内固定。

（4）加垫屈肢止血法

加垫屈肢止血法是适用于四肢非骨折性创伤的动脉出血的临时止血措施。当伤员前臂或小腿出血时，可于肘窝或腘窝内放纱布、棉花、毛巾作垫，屈曲关节，用绷带将肢体紧紧地缚于屈曲的位置。

（5）指压止血法

指压止血法是动脉出血时最迅速的一种临时止血法，是用手指或手掌置于伤部上端，用力将动脉压瘪于骨骼上，阻断血液通过，以便立即止血，但仅限于身体较表浅部位、易于压迫的动脉出血。

（6）止血带止血法

止血带止血法主要是用橡皮管或胶管止血带将血管压瘪而达到止血的目的。具体操作方法为用左手拿一条橡皮带，橡皮带尾端约留 16 厘米；右手拉紧环体扎，前端交左手，中食两指挟，顺着肢体往下拉，前端环中插，保证不松垮。如遇到四肢大出血，需要止血带止血，而现场又无橡胶止血带时，可在现场就地取材，如布止血带、线绳或麻绳等。

不同部位出血时，止血带止血法的具体操作方法如下：

1）肱动脉压迫止血法。此法适用于手、前臂和上臂下部的出血。止血方法是用拇指或其余四指在上臂内侧动脉搏动处，将动脉压向肱骨，达到止血的目的。

2）股动脉压迫止血法。此法适用于下肢出血。止血方法是在腹股沟（大腿根部）中点偏内动脉跳动处，用两手拇指重叠压迫股动脉于股骨上，制止出血。

3）头部压迫止血法。头顶前部出血时，压迫耳前的颈浅动脉；面部出血时，压迫下颌骨角前下凹内的颌动脉；头面部有较大的出血时，压迫颈部气管两侧的颈动脉，但不能同时压迫两侧。

4）手部压迫止血法。如手掌出血时，压迫桡动脉和尺动脉；手指出血时，压迫出血手指的两侧指动脉。

5）足部压迫止血法。足部出血时，压迫胫前动脉和胫后动脉。

96. 现场紧急心肺复苏如何进行?

实施心肺复苏时，首先判断伤员呼吸、心跳，一旦判定呼吸、心跳停止，立即进行心肺复苏急救。心肺复苏的主要步骤有：

（1）开放气道

用最短的时间，先将伤员衣领口、领带、围巾等解开，戴上手套迅速清除伤员口鼻内的污泥、土块、痰、呕吐物等异物，以利于呼吸道畅通，再将气道打开。

1）仰头举颌法：

①救护人员用一只手的小鱼际部位置于伤员的前额并稍加用力使头后仰，另一只手的食指、中指置于下颌将下颌骨上提；

②救护人员手指不要深压颌下软组织，以免阻塞气道。

2）仰头抬颈法：

①救护人员用一只手的小鱼际部位放在伤员前额，向下稍加用力使头后仰，另一只手置于颈部并将颈部上托；

②无颈部外伤可用此法。

3）双下颌上提法：

①救护人员双手手指放在伤员下颌角，向上或向后方提起下颌；

②头保持正中位，不能使头后仰，不可左右扭动；

③适用于怀疑颈椎外伤的伤员。

4）手勾异物：

①如伤员无意识，救护人员用一只手的拇指和其他四指，握住伤员舌和下颌后掰开伤员嘴并上提下颌；

②救护人员另一只手的食指沿伤员口内插入；

③用勾取动作，抠出固体异物。

（2）口对口人工呼吸

口对口人工呼吸的主要步骤详见第 88 题内容。

（3）心脏复苏

判定心跳是否停止，摸伤员的颈动脉有无搏动，如无搏动，立即进行胸外心脏按压。实施胸外心脏按压的主要步骤详见第 89 题内容。

97. 心肺复苏有效有哪些表现?

对于神志不清的病人，观察其脑活动的主要指标有五个方面：即瞳孔变化、睫毛反射、挣扎表现、肌肉张力和自主呼吸的方式，这些都是脑活动最基础的征象。如果有一项表现良好，就可表明携带有充分氧气的血流正流向大脑，并保护脑组织免予损伤。心肺复苏效果主要看以下 5 个方面：

（1）颈动脉搏动

心脏按压有效时，可随每次按压触及一次颈动脉搏动，测血压为 5.3/8 千帕（40/60 毫米汞柱）以上，提示心脏按压方法正确。若停止按压，脉搏仍然搏动，说明病人自主心跳已恢复。

（2）面色转红润

复苏有效时病人面色、口唇、皮肤颜色由苍白或发绀转变为红润。

（3）意识渐恢复

复苏有效时，病人昏迷变浅，眼球活动，出现挣扎，或给予强刺激后出现保护性反射活动，甚至手足开始活动，肌张力增强。

（4）出现自主呼吸

当病人出现自主呼吸时，仍应注意观察病人的呼吸情况，有时很微弱的自主呼吸不足以满足人体供氧需要，如果不继续进行人工呼吸，则很快又会停止呼吸。

（5）瞳孔变小

复苏有效时，扩大的瞳孔变小，并出现对光反射。

专家提示

在复苏时必须经常观察瞳孔，因为瞳孔缩小可以十分灵敏地反映出急救是否有效。如果扩大的瞳孔通过复苏仍不缩小，通常说明复苏无效。如果复苏明显延误则也可能为脑损害所致，但这种脑损害并非一定是永久的。在急救过程中经常会遇到瞳孔逐渐增大的现象，特别是在复苏过久的情况下，但如果瞳孔未最大限度扩大或仍有脑活动的其他征象存在时，则有可能并不是治疗无效或脑损害。不过，如果瞳孔迅速扩大，则说明病人情况较危急。扩大的瞳孔在心跳恢复后很快缩小，说明无严重脑损害发生。

病人出现挣扎也是有效复苏的一个征象。当出现挣扎时，有以下几种处理方法：一是静脉注射安定 5~10 毫升，使病人镇静，安定可消除睫毛反射，但不影响其他脑活动的体征；二是间断使用小剂量硫喷妥钠，虽然这种肌肉松弛剂也能消除挣扎，并便于气管插管操作，但是使用这类药物后就可能只留下瞳孔这一项脑活动征象，不利于对病人复苏情况进行及时观察。

98. 心脏复苏中的除颤如何进行?

（1）迅速熟悉、检查电除颤仪，确保各部位按键、旋钮、电极板完好，电能充足。

（2）伤员取仰平卧位，操作者位于伤员右侧位。

（3）迅速开启电除颤仪，调试电除颤仪至监护位置，检测伤员心律。

（4）用干布迅速擦干伤员胸部皮肤，将除颤电极板涂以专用导电胶。

（5）确定除颤电极板正确安放在伤员胸部位置，前电极板放在胸骨外缘上部、右侧锁骨下方；外侧电极板放在左下胸、乳头左侧、电极板中心在腋前线上。放置完毕后开始观察伤员心电波型，确定是否为室颤。

（6）选择除颤能量，首次除颤应选用 200 焦；第二次选用 200~300 焦；第三次选用 360 焦。

（7）按压除颤充电按钮，给电除颤仪充电。

（8）将除颤电极板紧贴胸壁，适当加以压力，并确定无周围人员直接或间接与伤员接触。

（9）当电除颤仪显示可以除颤信号时，操作者应双手同时协调按压手控电极两个放电按钮进行电击。

（10）放电结束后不应移开电极，而应观察电击除颤后伤员的心律，若仍为室颤，则应进行第二次除颤、第三次除颤，重复第 4~10 步骤。

除颤结束或除颤成功后，调整除颤旋钮至监护，并擦干伤员胸壁皮肤，清洁除颤电极板，正确归位，关机。收留并标记除颤时心电自动描记图纸。

99. 自动体外除颤仪如何使用?

自动体外除颤仪，学名为自动体外除颤器（AED），是一种便携式的医疗设备，可以用来诊断特定的心律失常，并且给予电击除颤，是一种可以被非专业人员使用的、用于对心脏骤停伤员进行抢救的医疗设备。

自动体外除颤器的使用方法如下：

（1）开启自动体外除颤仪，打开自动体外除颤仪的盖子，在不影响人工心肺复苏操作的前提下，严格按照自动体外除颤仪的语音提示操作；

（2）撕开包装，取出贴片；

（3）将贴片贴在伤员上胸部裸露的皮肤上；

（4）再取出一贴片，按指示贴在伤员下胸部裸露的皮肤上；

（5）停止人工心肺复苏，按下自动体外除颤仪的“分析”键，自动体外除颤仪开始分析心率，分析过程中不要触碰伤员；

（6）分析完成后，自动体外除颤仪会发出是否进行除颤的建议，如果建议除颤，自动体外除颤仪会开始充电；

（7）所有人员远离伤员，由操作者按下放电按钮，进行电击；

（8）开始心肺复苏术进行 30 次胸外心脏按压，然后给予两次人工呼吸；

（9）按照机器提示操作，直至专业人员赶到；

（10）如首次除颤后伤员仍未恢复，机器会自动逐步升级电击能量，展开第二次除颤、第三次除颤，重复上述流程。

专家提示

在心跳骤停时，只有在最佳抢救时间的“黄金 4 分钟”内，利用自动体外除颤仪对伤员进行除颤和心肺复苏，才能最有效制止猝死。

伤员在水中不能使用自动体外除颤仪，伤员胸部如有汗水需要快速擦干胸部，因为水会降低自动体外除颤仪功效。